Stefan Uhlig

DER NATÜRLICHE KLIMAWANDEL

Fakten aus geologischer, archäologischer und astrophysikalischer Sicht

weltbuch

WELTBUCH Verlag GmbH
Sargans/Schweiz

www.weltbuch.com

1. Auflage, Deutsch, 05/2021
ISBN 978-3-906212-85-2

Coverdesign: Dirk Kohl, Annalena Kohl, Weltbuch Verlag GmbH
Titelfoto: A. Kohl / Adobe Stock
Buchdesign, Buchsatz: Dirk Kohl, Weltbuch Verlag GmbH
Abbildungen/Tabellen: Zur Verfügung gestellt durch Dr. Stefan Uhlig. Quellenangaben soweit notwendig auf der jeweiligen Abbildung bzw. Tabelle. Falls eine Abbildung/Tabelle nicht ausreichend urheberrechtlich ausgewiesen wurde, bitten wir dies zu entschuldigen und bitten ggf. um Mitteilung, um dies in folgenden Auflagen zu korrigieren.
Gesamtproduktion: Weltbuch Verlag GmbH

Gedruckt auf Naturpapier

Inhaltsverzeichnis

Vorwort

Die Motivation zur nachfolgenden Diskussion des Klimawandels beruht auf der aktuellen emotional, irrational ideologisch geprägten und wissenschaftlich nicht offenen Diskussion und Berichterstattung, sowie der permanenten Vermischung mit Themen des Umweltschutzes. Die Ursachen des steten Klimawandels sind sehr komplex und können nicht nur mit einem Parameter, wie der Kohlendioxidkonzentration (CO_2) in der Atmosphäre, erklärt werden. Die Temperaturen der Erdatmosphäre nehmen seit dem Ende der letzten Eiszeit vor ca. 12.000 Jahren stetig zu, wenn auch mit Unterbrechungen, verbunden mit einem Anstieg des Wasserspiegels der Weltmeere. Sollte die gegenwärtige Erwärmung das Niveau der letzten Eem-Warmzeit vor ca. 120.000 erreichen, so wird auch der Meeresspiegel weitere 6-9 m ansteigen. Als Reaktion auf den stetig steigenden Meeresspiegel wurde der Deich- und Dammbau in den Niederlanden, z.B., seit dem Hochmittelalter forciert. Dies wird auch in anderen Regionen der Erde verstärkt vorangetrieben werden müssen.

Schon unsere prähistorischen Vorfahren waren beeindruckt und verängstigt ob der für sie gewaltigen, damals noch unerklärlichen und meist lebensbedrohenden Wetterphänomene, wie z.B. Blitz, Donner, Hagel und eisige Kälte. Aus dieser Stimmung heraus sind wohl auch frühe Religionen während der Altsteinzeit entstanden mit dem Glauben an „höhere" Mächte, wie z.B. an einen Donnergott, dem als Gott Thor bis in die Zeit der nordeuropäischen germanischen Völker gehuldigt wurde, und der bis heute in unserem Wochentag „Donnerstag" in Erinnerung bleibt. Der Überlieferung nach fuhr der Gewittergott Thor mit seinem von Ziegen gezogenen donnernden Wagen über den Himmel und schleuderte mit seinem Hammer Blitze auf die Erde (POHANKA 2018). Auch nach mehr als 300 Jahren geistiger Aufklärung in Europa, steckt anscheinend immer noch eine archaische Furcht vor naturgewaltigen Wetterphänomenen in unserem „inneren Neanderthaler".

Diese Übersicht soll und kann die zur Verfügung stehenden wissenschaftlichen Arbeiten nicht ersetzen, sondern möchte eher dazu anregen, sich intensiver und kritischer mit dem vielseitigen Thema des Klimawandels auseinanderzusetzen. Die in den nachfolgenden Grafiken gezeigten Entwicklungen der Sonneneinstrahlung, des Pflanzenwachstums, der Temperatur, etc. beruhen auf interdisziplinären wissenschaftlichen Untersuchungen von Spurenelementen, Isotopen, Pollen, Mikrofossilien und vielen mehr in Eisbohrkernen, in Meeres- und Seesedimenten und in Baumringen, um nur die wesentlichsten Probentypen zu nennen. Da man die Temperatur und Sonneneinstrahlung der Vergangenheit nicht direkt bestimmen kann, bedient sich die Wissenschaft sogenannter „Vertreter", im Englischen „proxy" genannt. Stellvertretend für diese klimarelevanten Parameter dienen u.a. die Konzentrationen der Isotopen ^{14}C, ^{10}Be (für die Sonneneinstrahlung) und ^{18}O (für die Temperaturentwicklung) in Böden, Sedimenten, Eiskernen, Organismen, etc. Archäologische Funde, z.B. aus der Römerzeit, zeigen, dass der Meeresspiegel schon in „vorindustrieller" Zeit (vor 1850) mehr oder weniger kontinuierlich angestiegen ist. All diese äußerst spannenden Detailinformationen und Einzelergebnisse, wie auch detaillierte Erklärungen der unterschiedlichsten Analysenmethoden, stehen in den unten zitierten Veröffentlichungen ausführlich zur Verfügung. Besonders nennenswert sind hier die Werke von SIROCKO (2012), der BGR (Bundesanstalt für Geowissenschaften und Rohstoffe, 2004) und VAHRENHOLT & LÜNING (2020).

Im Laufe der vorliegenden Zusammenstellung fanden sich immer wieder neue höchst interessante Fakten, fast wie bei einem Krimi, wodurch die vorliegende Arbeit und das Literaturverzeichnis doch deutlich umfassender als geplant wurde. Mit meinen Ausführungen möchte ich nicht überzeugen, sondern zur kritischen Prüfung des aktuellen „main streams" anregen, gemäß den Ausführungen des spanischen Philosophen José Ortega y Gasset (1883-1955) zum Thema „Essay": *„… in denen die Lehren - auch* *wenn sie wissenschaftliche Überzeugung für den Verfasser sind - nicht verlangen, dass der Leser sie als Wahrheiten aufnehme. Ich bringe hier nur „modi res considerandi“, mögliche neue Sichtweisen der Dinge. Ich rufe den Leser dazu auf, diese neuen Sichtweisen auszuprobieren, um festzustellen, ob es wirklich fruchtbringende Ansichten sind. Somit fällt der Leser für sich alleine und aufgrund seiner Erfahrung das Urteil, ob sie wahr oder falsch sind.“*

1: Was ist Klima?

Unser Planet Erde ist unterteilt in verschiedene **Klimazonen** (polar, subpolar, gemäßigt, subtropisch, tropisch – von den Polen zum Äquator), d.h. der Ausdruck globales Klima ist nicht korrekt. Das Klima kann sich auch nicht erwärmen oder abkühlen. Es verändert sich in dem Sinne, dass sich die Klimazonen in geologischen Zeiträumen kontinuierlich verschieben bzw. ändern. Der Ausdruck „Klimaerwärmung" ist deshalb auch nicht korrekt, „globale Klimaerwärmung" schon gar nicht. Gemeint sind Temperaturschwankungen im Zusammenhang mit kontinuierlichen Änderungen des Klimas, bzw. Verschieben der Klimazonen. Genauso ist es auch wissenschaftlich nicht richtig, von einer „Klimarettung" zu sprechen. Das Klima kann nicht gerettet werden. Wie wir sehen werden, werden Klimaänderungen einzig und allein von der Sonne ausgesteuert. Wenn im Folgenden von Temperaturen ohne weitere Spezifizierung gesprochen wird, so sind Temperaturen der unteren Erdatmosphäre gemeint. Die verschiedenen Klimazonen werden charakterisiert durch das Vorherrschen typischer Temperaturen und Wetterphänomene, und damit verbunden, bestimmter Vegetationen. Das **Wetter** im meteorologischen Sinn bezieht sich auf physikalische Zustände der Atmosphäre zu einem bestimmten Zeitpunkt, oder einem kürzeren Zeitraum, und an einem bestimmten Ort, oder einem begrenzten Gebiet.

Abb. 1 (folgend): Aufbau der nach oben offenen Atmosphäre und durchschnittliche Temperaturen der Luft in Abhängigkeit von der Höhe bzw. unterschiedlichen Atmosphärenschichten. Das Wettergeschehen spielt sich in der Troposphäre ab, in deren oberen Bereichen sich die Luft bis auf -60°C abkühlt, Darüber folgt die Stratosphäre, die mit der Troposphäre interagiert. Oberhalb einer Höhe von ca. 110 km steigen die Lufttemperaturen wieder auf über 0°C.

Abb. 1

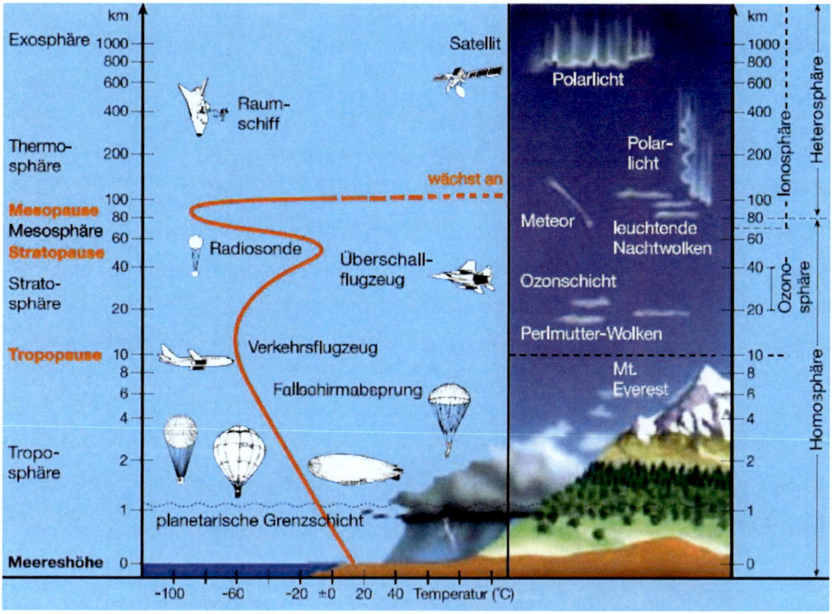

Quelle: "Fonds der Chemischen Industrie" Folienserie 22 "Umweltbereich Luft", Ausgabe 1995 Graphik: diGraph 77933 Lahr

Das Wettergeschehen spielt sich hauptsächlich in der unteren Schicht der Atmosphäre, in der **Troposphäre**, ab (Abb. 1). Diese reicht am Äquator in bis zu 16 km Höhe, über den Polen jedoch nur in bis zu 8 km Höhe. An der Erdoberfläche liegt die Atmosphärentemperatur im Mittel bei 15°C und nimmt in Richtung der Grenze Troposphäre/Stratosphäre auf bis zu -60°C ab. Die Lufttemperatur wird mit jedem Höhenkilometer zirka 6,5°C kälter. Die Tropopause trennt die Troposphäre von der **Stratosphäre**, in der die Lufttemperaturen wieder leicht ansteigen bis knapp unter 0°C. Darüber kühlt die Luft dann wieder schnell ab, auf bis zu -110°C, bevor sie sich in weiterer Höhe (> 100 km) wieder erwärmt. Auch wenn die unterschiedlichen Atmosphärenschichten durch Grenzzonen, wie die Tropopause oder die Stratopause, voneinander getrennt sind, was man auch am Temperaturverlauf erkennen kann, so bildet die Atmosphäre kein geschlossenes System, ähnlich einem Gewächshaus, sondern erlaubt einen internen Austausch von Luftströmungen und strahlenphysikalischen Interaktionen zwischen den verschiedenen Atmosphärenschichten. Durch bodennahe Verdunstung erhält die Atmosphäre ihre Feuchte in Form von

Wasserdampf, vor allem aus den Ozeanen. Der gasförmige Wasseranteil (Wasserdampf) der Atmosphäre beträgt durchschnittlich 0,3-0,4 % und nimmt mit der Höhe stark ab. In den unteren Bereichen der Troposphäre, d.h. in Bodennähe, kann der Anteil von atmosphärischem Wasserdampf bis zu 4 % erreichen, wobei Gehalte von 3-4 % hauptsächlich nur in der extrem feuchten Luft der Tropen erreicht werden. Die Polargebiete hingegen sind extrem trocken. Auch die Stratosphäre, vor allem ihre unteren Bereiche, enthält atmosphärischen Wasserdampf, dem ebenfalls eine bedeutende Rolle bei der Wetterentwicklung zukommt. Die Interaktionen von Troposphäre und Stratosphäre sind noch nicht abschließend erforscht und daher gegenwärtig Gegenstand intensiver Forschung, die unterstützt wird durch zahlreiche Forschungssatelliten.

Die Hauptargumentation für einen Einfluss von Kohlendioxid (CO_2) als Treibhausgas im Zusammenhang mit einem Treibhauseffekt, und damit auf eine Änderung der Temperatur, bzw. des „globales" Klimas, beruht darauf, dass das CO_2, wie andere Gase, der Erdatmosphäre Teile der von der Erde reflektieren Wärmestrahlung absorbieren kann, die somit nicht vollkommen ins Weltall entweicht und die Erde aufwärmt. Diese Absorptionsfähigkeit verschiedener Atmosphärengase ist allerdings nur in eng begrenzten Wellenlängenbereichen der Wärmestrahlung möglich. Es ist wichtig, darauf hier schon kurz einführend einzugehen, auch als Vorbereitung auf Kapitel 10, wo das Thema CO_2 detaillierter diskutiert werden wird. Die Sonnenstrahlung, die die Erde erreicht, besteht aus einem breiten Band von unterschiedlichen Wellenlängen (Abb. 2, und auch Abb. 69). Die für Lebewesen schädliche kurzwellige ultraviolette (UV) Strahlung wird größtenteils durch das Ozon der Ozonschicht der mittleren Stratosphäre (ca. 20-40 km Höhe) absorbiert (Abb. 1). Kapitel 12 wird das Thema Ozon näher beleuchten.

Die langwelligere Strahlung, vor allem das für uns sichtbare Licht, das von großer Bedeutung ist für die Photosynthese der Pflanzen und die infrarote (IR) Strahlung, die von der Atmosphäre weniger oder kaum absorbiert oder gestreut wird, erreicht die Erdoberfläche und beeinflusst das Wetter- und Klimageschehen auf der Erde. In umgekehrter Richtung gibt die

Erdoberfläche langwellige Wärmestrahlung ab in Richtung Weltall. Die Erdatmosphäre sorgt glücklicherweise dafür, dass diese nicht wieder vollständig die Erde verlässt. Man spricht vom Atmosphärischen Fenster der Erde hinsichtlich der Wellenlängenbereiche, in denen die Sonnenstrahlung bzw. die Wärmerückstrahlung der Erde von den verschiedenen Gasen der Erdatmosphäre nicht oder kaum absorbiert bzw. gestreut werden. Davon wird im Detail in Kapitel 10 zu sprechen sein, vor allem welche Gase der Atmosphäre welche Wellenlängenbereiche absorbieren können, und in welchem Maße. Die hochenergetische ionisierende kosmische Strahlung, die auf die Erde einwirkt und die damit verbundenen sekundären Strahlungen, die ebenfalls Einfluss haben auf die Temperaturentwicklung in der Atmosphäre, sind in Abb. 2 nicht dargestellt.

Wie wir im Folgenden sehen werden, haben sich die Klimazonen, bzw. die Temperaturen auf unserem Planeten wiederholt geändert. So war z.B. das Gebiet der nördlichen Sahara vor 8.000 Jahren nicht trocken, wie heute, sondern grün aufgrund wiederholter Feuchtperioden. Hinweise hierfür sind Höhlenmalereien und -Gravuren von typischen Savannentieren, wie Nashörnern, Antilopen, Flusspferden und anderen Tieren, sowie den Funden von Steingutscherben, Straußeneierschalen, Pollen und Samen, die auf eine Vegetation feuchteren Klimas hinweisen, bzw. darauf, dass die Saharawüste zu dieser Zeit von Tieren, Pflanzen und Menschen belebt bzw. bewohnt war. Vor ca. 5.500 Jahren setzte in Nordafrika abrupt eine sehr aride Phase ein, verbunden mit einem sehr schnellen Vegetationsrückzug in der Sahara – etwa zeitgleich mit dem 2. Temperaturmaximum des „Atlantikums" (Abb. 6 und 47). Dies war vermutlich auch ein Grund für die spätere Konzentration der landwirtschaftlichen Entwicklung entlang des fruchtbaren Niltales vor 5.000 bis 3.000 Jahren während der Pharaonen-Hochkulturen in Ägypten. Allem Anschein nach, nehmen die Niederschläge in Nordafrika in der Gegenwart wieder etwas zu.

Abb. 2 (folgend): Vereinfachte Darstellung der Strahlung (2-A), die die Erde von der Sonne erreicht (in **Rot**: kurzwelliges Atmosphärisches Fenster) und die, die von der Erdoberfläche wieder abgegeben wird (in **Blau**: langwelliges Atmosphärisches Fenster). 2-B: Gesamtabsorption und -streuung in der Atmosphäre (ein- und austretende Strahlung), 2-C: Wellenlängenbereiche, die von den verschiedenen Atmosphärengasen absorbiert werden können. Quelle: https://de. wikipedia.org/wiki/Atmosphärisches_Fenster; s. auch Abb. 69.

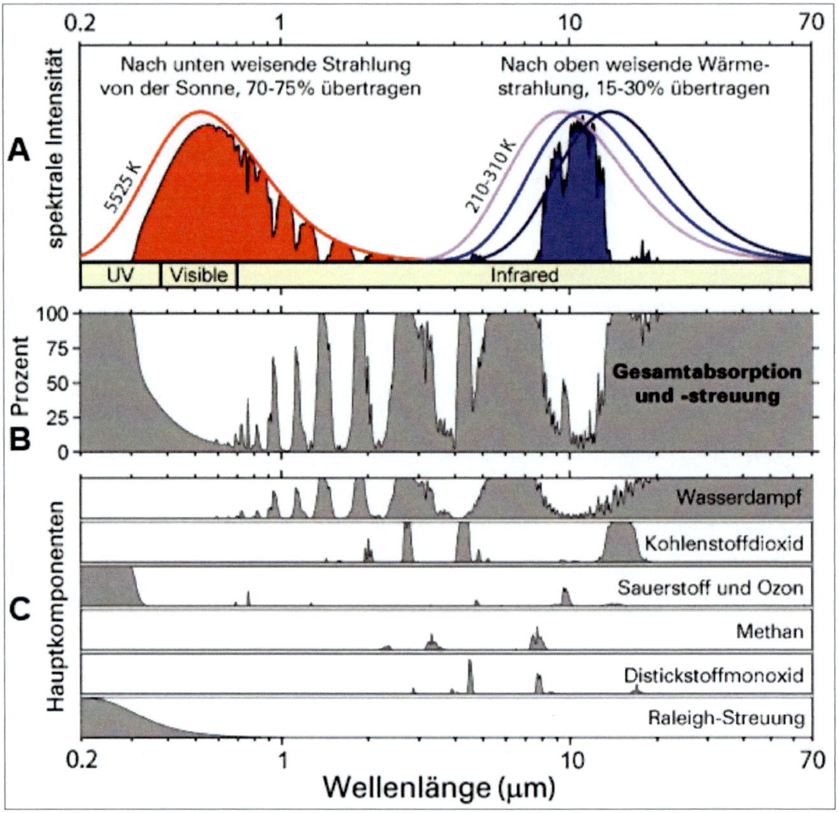

Abb. 2

Abhängig von den Klimazonen, aber nicht gleichzusetzen mit Klima, ist das Wettergeschehen. Lokale anthropogen verursachte Wetterphänomene, wie z.B. winterlicher Schneefall (auch Industrieschnee genannt) bei Frost in der Nähe von Wasserdampf emittierenden Fabriken, wie z.B. Papierfabriken, sind keine Klimaänderung, sondern lokale Wetter-Geschehnisse. Ein auffälliges anthropogenes Temperaturphänomen beobachtet man in modernen Städten, vor allem in den gemäßigten Breiten. Städte und

Metropolen können „urbane Wärmeinseln“ bilden, im Vergleich zu ihrem Umland, mit bis zu 3°C höheren Temperaturen (je nach Größe der Stadt). Dies wird hervorgerufen durch Wechselwirkungen mehrerer unterschiedlicher Effekte, wie z.B. eine starke Aufwärmung tagsüber (der betonierten und asphaltierten Flächen) und eine eingeschränkte Abkühlung nachts. Dies wird vor allem verstärkt während den Heizperioden im Winter.

Zum besseren Verständnis der Temperaturentwicklungen auf der Erde wird es notwendig sein, auf verschiedene Wetter- und Klimaphänomene näher einzugehen, vor allem um pauschalisierende und aus dem Zusammenhang gerissene Sensationsmeldungen, vor allem bzgl. extremer Wettergeschehen, besser und kritischer bewerten zu können. Die Weltmeere bedecken fast 71 % der Erdoberfläche und haben sehr großen Einfluss auf das Wetter- und Klimageschehen der Landmassen, die in der geologischen Gegenwart hauptsächlich auf der Nordhalbkugel konzentriert sind. Die Erde ist somit im Bereich ihrer Ozeane am umfassendsten der Sonnenstrahlung ausgesetzt, und deren riesige Wassermassen reagieren entsprechend stark auf Schwankungen der Sonnenaktivität. Deshalb wird es zum Verständnis der Klimaänderungen wichtig sein, sich auch näher mit dem System Sonne- Ozeane-Atmosphäre zu beschäftigen.

2: Glaziale (Kalt-/Eiszeiten) und Interglaziale (Warmzeiten) im Wechsel

Seit Millionen von Jahren gibt es **Klimaschwankungen**, verbunden mit **Temperaturänderungen**, mit Kaltzeiten (auch Eis- oder **Glazialzeiten** genannt) und Warmzeiten (auch **Interglazialzeiten** genannt) als Extreme, wobei die Dauer der Kaltzeiten in der Erdgeschichte deutlich länger war als die immer relativ kurzen interglazialen Warmzeiten. Im Quartär, dem aktuellen geologischen Zeitabschnitt, in dem wir gerade leben, d.h. während der letzten 2,6 Millionen Jahre, gab es über 20 solcher Wechsel von Warm- und Kaltzeiten. Während der letzten 420.000 Jahre waren rund 90 % dieser Zeitspanne wesentlich kälter als heute. D.h. Warmzeiten, wie wir heute eine genießen, sind eher die Ausnahme in der jüngeren Erdgeschichte (Abb. 3). Allerdings gab es in den letzten 12.000 Jahren, nach dem Ende der letzten Eiszeit, auch Perioden, die eindeutig wärmer waren als heute, z.B. das sogenannte „Atlantikum" vor annähernd 8.000 bis 4.000 Jahre (Tab. 1, s. auch Kapitel 8 und Abb. 6 und 47). Diese atlantische Klimaperiode, auch „Mittlere Wärmezeit" genannt, ist charakterisiert durch eine größere Ausbreitung wärmeliebender Pflanzen, z.B. von Eichenmischwäldern, dem Zurückdrängen der baumlosen Tundren im Norden der nördlichen Erdhalbkugel und einem Anstieg der Baumgrenze in den Gebirgen.

Tab. 1 (folgend): Vereinfachte Übersicht der wechselnden Kalt- und Warmzeiten der letzten 885.000 Jahre mit der klassischen Nomenklatur der unterschiedlichen Epochen. Die Warmzeiten sind rötlich, die Kaltzeiten bläulich unterlegt. Leicht heller unterlegt sind die wärmeren (Optima) und kälteren (Pessima) Perioden des aktuellen Holozäns (Beginn vor 11.700 Jahren, am Ende der letzten Eiszeit). Die unterschiedlichen Warm- und Kaltphasen werden in der modernen Klimaforschung über **Marine Isotopen Stadien (MIS)** durchnummeriert. In der rechten Spalte sind die entsprechenden Meeresspiegelhöhen im Vergleich zu heute angegeben (s. auch Abb. 46).

Tab. 1

approx. ages before Present (based on MIS)	MIS - Marine Isotope Stages	classic nomenclature of Glacial (cold) and Interglacial (warm) Periods	Sea level below (-) / above (+) today's level (in meters)
1.400 - 1.700 AD		Little Ice Age Climate Pessimum	
950 - 1.200 AD		Medieval Climatic Optimum	
350 - 550 AD		Migration Period Climate Pessimum	
50 BC - 250 AD		Roman Times Climate Optimum	- 3-4
8.000 - 4.000 before Present		Atlantic Period	- 20-30
11.700 till present	1	Holocene Interglacial	
115.000 - 11.700	2, 3a-c, 4, 5a-d	Würm/Weichsel/Wisconsin Glacial	- 130-140
26.000 - 115.000	5e	Eem Interglacial	+ 6-9
20.000 - 126.000	6a-e, 7a-e, 8a-c, 9a-d	Riss/Saale Glacial	- 140-150
35.000 - 320.000	9e	Holstein Interglacial	+ 10-15
475.000 - 335000	10a-c, 11a-b, 12a-c	Mindel/Elster Glacial	- 140-150
505.000 - 475.000	13a	Mindel-Günz Interglacial	+ 10-15
885.000 - 475.000	13 - 21	Günz/Cromer Complex	*STU 2021*

Die letzte Eiszeit trägt in der Alpenregion den Namen „**Würm**", nach dem Nebenfluss der Isar, da in diesem Bereich vermehrt glaziale Sedimente und Landschaftsformen der letzten Eiszeit gefunden wurden. Der zeitgleiche Eisvorstoß von Skandinavien nach Norddeutschland und Nord-Polen wird „Weichsel" genannt, nach dem längsten Fluss Polens. Auf dem nordamerikanischen Kontinent heißt die letzte Eiszeit „Wisconsin Glaciation", nach dem U.S.- Staat an den Großen Seen. Die glaziale Periode davor wird im Alpen- und Voralpenbereich Riß-Kaltzeit und in Norddeutschland Saale-Kaltzeit genannt. Die skandinavischen Gletscher der Saale-Eiszeit stießen dabei weiter in die deutsche Tiefebene vor (d.h. nach Süden) als die der jüngeren Weichsel-Eiszeit.

In Tabelle 1 sind die wechselnden Epochen der Kalt- und Warmzeiten der letzten 885.000 Jahre in vereinfachter Form zusammengestellt. Perioden von Kaltzeiten sind immer in sich untergliedert durch unterschiedliche Minima und Maxima der Temperaturen (s. Abb. 3 und 4). Abb. 3 zeigt die CO_2- und Temperaturschwankungen der letzten 420.000 Jahre basierend auf Untersuchungen von Eisbohrkernen der Antarktis und Auswertung relevanter „proxy"-Daten. Die drei letzten großen Warm- und Kaltzeiten lassen sich deutlich unterscheiden. Anhand dieser „Vertreter"-Daten kann man auch deutlich erkennen, dass die CO_2-Konzentration der Temperaturentwicklung hinterherhinkt (s. auch Abb. 3 und Detailausschnitt in Abb. 70). Die Frage bzgl. Abhängigkeiten von CO_2 und Temperatur ist ähnlich der Diskussion, was zuerst da war – das Ei oder die Henne? Dabei sei hier auch an die alte Regel bzgl. der Interpretation von statistischen Daten erinnert, dass Korrelationen (noch) keine Kausalitäten sind. Wie wir sehen werden, hängt die Entwicklung der Temperatur in der Erdatmosphäre von anderen deutlich wichtigeren Faktoren ab, als dem CO_2. In Abb. 3 erkennt man, z.B. sehr deutlich im Zeitabschnitt von vor 420-400.000 Jahren, dass die grüne CO_2-Kurve immer der roten Temperaturkurve hinterherhinkt. D.h. die Temperatur ändert schon ihren Verlauf während der Erdgeschichte, nimmt zu bzw. ab, während die CO_2-Konzentrationsentwicklung mit etwas zeitlichem Versatz von mehreren Hunderten von Jahren hinterherhinkt (u.a. LÜDECKE (2010). Dies unterstreicht die Abhängigkeit der CO_2-Konzentration in der Atmosphärenluft von der Temperatur – und nicht umgekehrt. In Kapitel 10 werden wir darauf zurückkommen.

Abb. 3 (folegnd): CO_2- (**grüne Kurve**) und Temperaturschwankungen (**rote Kurve**) der letzten 420.000 Jahren, hier gezeigt am Beispiel des Vostok-Eiskerns (Antarktis). Die 4 Kurvenbereiche nach unten (Temperatur-Minima) entsprechen den letzten 3 großen klassischen Eiszeiten Mindel, Riß und Würm, wobei die Riß-Eiszeit eigentlich 2 Kälteperioden umfasst. Epochen maximaler Temperaturen entsprechen den Warmzeiten Holozän (Gegenwart), Eem und Holstein; aus BGR: Klimafakten (2004).

Abb. 3

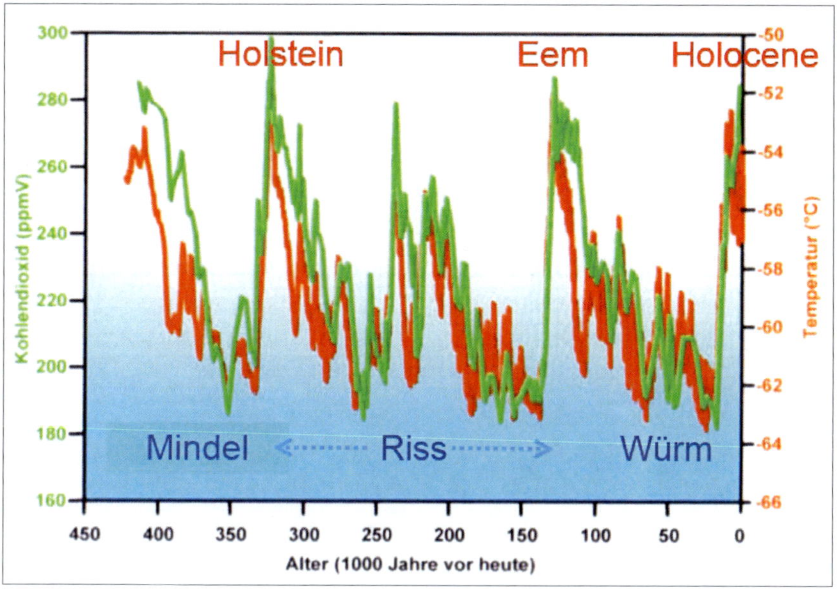

Die klassische Namensgebung und Zuordnung der verschiedenen Kalt- und Warmzeiten beruht auf systematischen feldgeologischen Untersuchungen, die im 19. Jahrhundert begannen. Die zeitliche Zuordnung der einzelnen Kalt- und Warmzeiten hat sich in den letzten fünfzig Jahren deutlich verfeinert und unterscheidet sich teilweise von den ersten geowissenschaftlichen zeitlichen Einordnungen von vor über zweihundert Jahren. So kommen z.B. LAUER & WEISS (2018) aufgrund neuester Altersbestimmungen zu dem Schluss, dass die Saale/Riß-Kaltzeit schon vor 450.000 Jahren eingesetzt haben könnte.

Um die vor allem regional sehr unterschiedlichen Namensgebungen der letzten Warm- und Kaltzeiten zu umgehen, bzw. zu vereinheitlichen, benutzt man heute vermehrt sogenannte **Marine Isotopen-Stadien (MIS**, s. Tab. 1 und Abb. 4), d.h. Isotopendaten (als „proxies“) von Proben aus marinen Sedimenten, die großen Aufschluss geben können über die Klimabedingungen der Vergangenheit. Der große Vorteil von Ozean- und auch Seesedimenten (z.B. Laacher See), ist, dass sie stratigraphisch meist ungestört sind und damit ihre Lagenabfolge überwiegend vollständig vorliegt. Ablagerungen auf Land können hingegen von nachfolgenden Eisvorstößen und Erosionsvorgängen (Verwitterung) überlagert, bzw. gestört sein. Abb. 4 zeigt 21 solcher Marinen Isotopen-Stadien und Unterstadien der letzten 830.000 Jahre (vor unserer Zeit). Die inverse Darstellung der $\delta^{18}O$-Indexwerte stellvertretend als „**proxies**“ für die Entwicklung der Temperatur, zeigt kleine Indexwerte auf der y-Achse (nach oben) für höhere Temperaturen, bzw. daraus folgend höhere Meeresspiegelstände. Diese Sauerstoff-Isotopen wurden an Foraminiferen, Einzeller vorwiegend in Millimeter-Größe, in marinen Sedimentbohrkernen bestimmt. Wird der Lebensraum von Foraminiferen kälter, bauen diese mehr des stabilen Sauerstoffisotops ^{18}O ein. Deshalb auch die inverse Darstellung (y-Achse nach oben) von niedrigeren $\delta^{18}O$- Indexwerten bei höheren Temperaturen. Anhand dieser Darstellung erkennt man übersichtlich das unendliche Auf und Ab der Temperaturen im Laufe der jüngeren Erdgeschichte, wobei sich deutlich Zeitintervalle erkennen lassen, die gewisse Wiederholungen bzw. Regelmäßigkeiten aufweisen.

Abb. 4 (folgend): Darstellung von 21 Marinen Isotopen Stadien (MIS) und Unterstadien der letzten 830.000 Jahren (nach RAILSBACK et al. 2015, s. auch Tab. 1). Die inverse Darstellung der $\delta^{18}O$-Indexwerte (‰ vs. VPDB Vienna PeeDee Belemnite), stellvertretend (als „proxies“) für die Entwicklung der Temperatur, zeigt auf der linken y-Achse kleine Indexwerte (für höhere Temperaturen, bzw. höhere Stände des Meeresspiegels) nach oben an. Auffällig ist eine gewisse Periodizität der einzelnen MIS, d.h. der einzelnen Temperatur-„peaks“, sowie der Temperatur-Maxima.

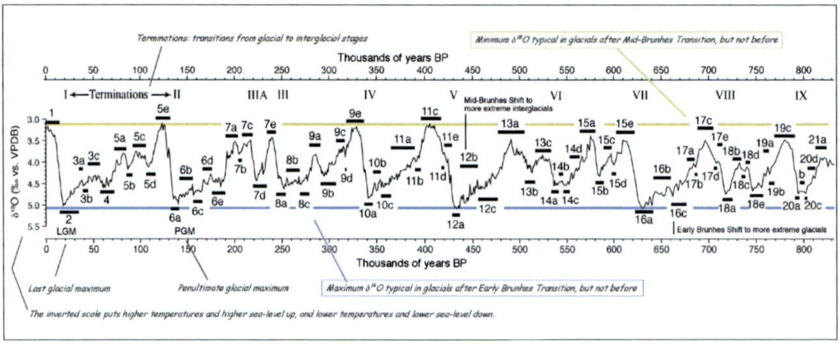

Abb. 4

Abb. 5 (folgend): Darstellung der Temperaturentwicklung (über das „proxy“ Deuterium (^2H)) während den letzten 4 Kaltzeiten (Eiszeiten) in der linken Kurve (s. auch Abb. 3) und der Entwicklung der Sonneneinstrahlung im selben Zeitraum (rechte Kurve), incl. einer Vorausberechnung für die nächsten 100.000 Jahre. Quelle: SIROCKO (2012).

Abb. 5

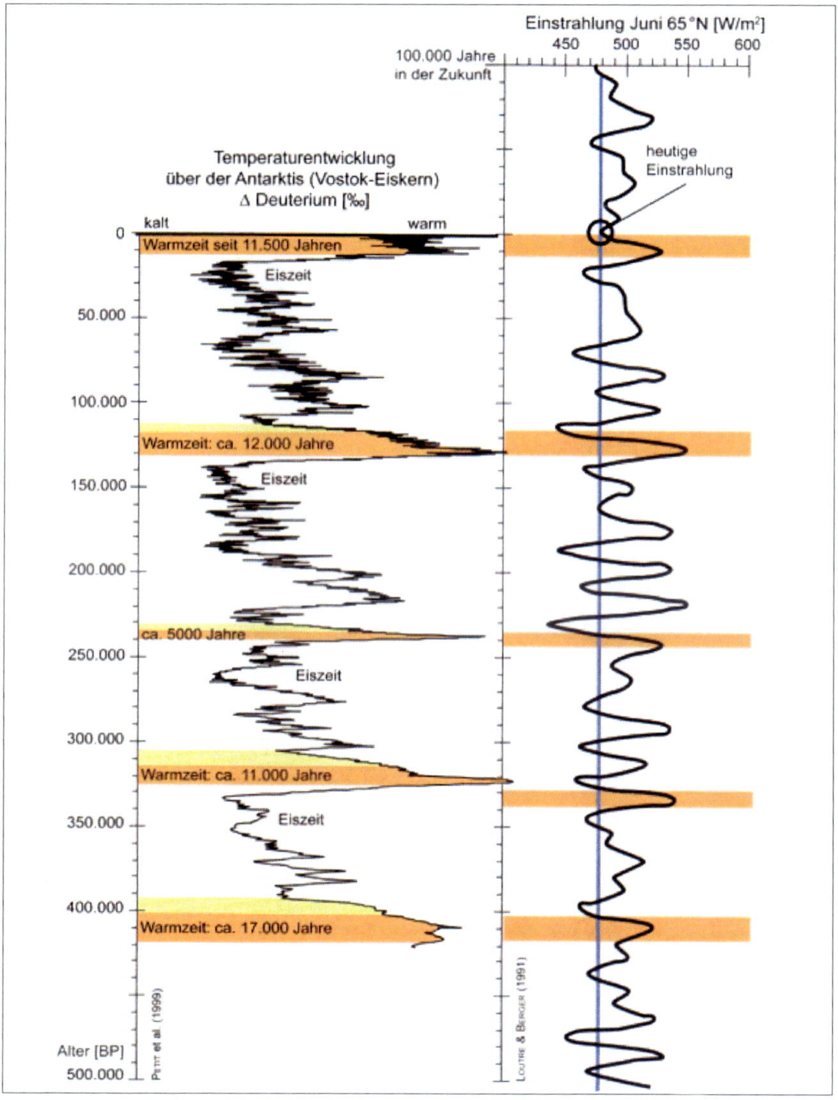

Abb. 5 zeigt eine relativ mehr aufgelöste Darstellung der Temperaturentwicklung und auch der Entwicklung der Einstrahlungsenergie der Sonne der letzten 500.000 Jahre. Auch hier kann man deutlich 5 kürzere Warmzeiten (Interglaziale) und 4 Kaltzeiten (Glaziale) unterscheiden, wobei die beiden mittleren Kaltzeiten in der klassischen Riß-Kaltzeit zusammengefasst sind. Die Temperaturentwicklung der Erde im Abschnitt der aktuellen interglazialen Warmzeit, auch Holozän genannt, d.h. während der letzten 11.700 Jahre vor heute, wird in Abb. 6 dargestellt. Es zeigt sich hier, dass die wärmste Zeit seit der letzten großen Eiszeit, vor zirka 8.000-4.000 Jahren war. Während des eingangs erwähnten **Atlantik-Wärmeoptimums** (s. auch Kapitel 6) war es deutlich wärmer als heute. Seit Ende der letzten Eiszeit vor 11.700 Jahren bis zum Beginn des Atlantik-Wärmeoptimums vor 8.000 Jahren, d.h. in weniger als 3.000 Jahren, hatte sich die Atmosphäre um ca. 1,5°C erwärmt (s. Abb. 6). Die CO_2-Konzentrationen der Atmosphäre jedoch verringerten sich in diesem Zeitraum jedoch von ca. 270 ppm (d.h. einem fast gleichen Wert, der heute als Referenzwert für die CO_2-Gehalte in „vorindustrieller" Zeit angenommen wird) auf ca. 250 ppm und stieg danach, in den nächsten 8.000 Jahren, kontinuierlich auf den „vorindustriellen" Wert von 280 ppm an (INDERMÜHLE et al. 1999). Diese CO_2-Abnahme von ca. 20 ppm, während der sich die Temperatur schon um mehr als 1°C erhöht hatte, zeigt deutlich ein Nachlaufen des CO_2 hinter der Temperaturentwicklung. D.h., eine Abhängigkeit der CO_2-Entwicklung von der Temperaturentwicklung, und nicht umgekehrt. Dies ist auch nicht verwunderlich, da die während der letzten Eiszeit, d.h. über eine Dauer von ca. 100.000 Jahre, abgekühlten riesigen Wassermassen der Ozeane deutlich mehr CO_2 aufnehmen konnten und dieses bei allmählicher Erwärmung der Ozeane deutlich mit Verzögerung in die Atmosphäre abgaben. Innerhalb der letzten 4 Jahrtausende erkennt man in Abb. 6 die Wärme-Optima der Minoischen, der Römischen Epoche, und das des Mittelalters sowie das Kälte-Pessimum der „Kleinen Eiszeit". Dazu aber mehr im Kapitel 6.

Abb. 6 (Folgend): Rekonstruktion der Temperaturentwicklung (schwarze zackige Linie) des Holozäns (aktuelle interglaziale Warmzeit) mit Beginn vor ca. 11.700 Jahren (VINOS 2019). Auf der x- Achse sind die Jahrtausende vor heute aufgetragen und auf der linken y-Achse die Temperaturabweichungen der mittleren Temperaturen in °C ("instrumentelles" Mittel 1960–1990).

Rote Linie (a): mittlerer Temperaturverlauf nach MARCOTT et al. (2013).

Schwarze zackige Linie (b): wie oben, jedoch verfeinert auf Basis biologischer und glaziologischer Untersuchungen und Daten aus marinen Sedimenten.

Violette Linie (c): Verlauf der Neigungsänderung der Erdachse (Ekliptikschiefe, s. Kapitel 3) mit Angabe des Neigungswinkels der Erdachse auf der rechten y-Achse.

Abb. 6

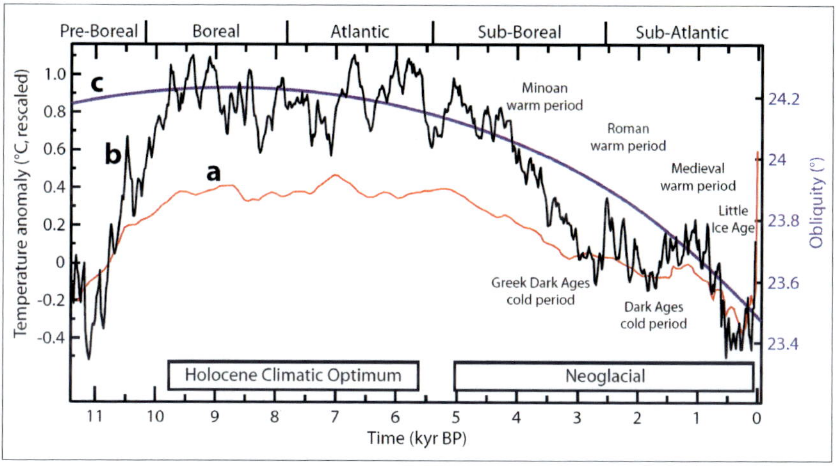

3: Die Stellung der Erde in unserem Sonnensystem

Die Strahlung der Sonne, die die Erde erreicht, bestimmt die Temperaturentwicklung der Erdoberfläche, seien es feste (Land, Eis), flüssige (Wasser) oder gasförmige (Luft) Bestandteile der Erde, und somit auch die Entwicklung unterschiedlicher Klimazonen. Der Strahlungshaushalt der Erde wird somit primär von der **Sonneneinstrahlung** am Laufen gehalten, wobei diese wesentlich von sich zyklisch ändernden **astrophysikalische Faktoren** (Entfernung zur Sonne, Form der Umlaufbahn der Erde um die Sonne, Schwankungen der Erdachsenneigung, etc.) beeinflusst wird, wie auch von relativ kurzfristigen Schwankungen der Sonnenaktivität, zu dem das Phänomen der Sonnenflecken zählt (s. Kapitel 4).

Deshalb ist es wichtig, sich erst einmal vor Augen zu führen, wo wir uns, bzw. sich die Erde, in unserem **Sonnensystem** befindet und wie schmal die Gratwanderung der menschlichen Existenz um die Sonne ist, d.h. wie eng die Existenz von pflanzlichem und tierischem Leben auf der Erde an die Entfernung von der Sonne gekoppelt ist. In der tabellarischen Darstellung von SCHOENITZER (2019) in Abb. 7 erkennt man, dass die mittleren Oberflächentemperaturen auf den Planeten unseres Sonnensystems deutlich mit der Sonnenentfernung abnehmen. Im Falle der Erde ist es wichtig festzuhalten, dass die Entfernung zur Sonne nicht konstant ist, sondern in der Gegenwart um bis zu 5 Millionen Kilometer variiert, d.h. ca. 3 % des mittleren Sonnenabstandes.

Abb. 7 (folgend): Tabellarische Darstellung der sonnennächsten Planeten, ihrer Entfernungen von der Sonne und deren Oberflächentemperaturen; aus www://schoenitzer.de/Planeten.html (2019).

Abb. 7

	Merkur	Venus	Erde	Mars	Jupiter
Bekannte Monde	-	-	**1**	**2**	**63**
Durchmesser	4.878 km	12.104 km	12.756 km	6.794 km	142.984 km
Masse	0,055 Erdmassen	0,82 Erdmassen	1 Erdmasse	0,11 Erdmassen	317,8 Erdmassen
Temperatur[1]	**Min** -170° C, **Mittel** 170° C, **Max** 430° C	**Mittel** 460° C	**Min** -60° C, **Mittel** 15° C, **Max** 58° C	**Min** -120° C, **Mittel** -60° C, **Max** 24° C	**Mittel** -100° C
Entfernung zur Sonne: Min/Max	46 / 70 Mio. km	108 / 109 Mio. km	147 / 152 Mio. km	207 / 249 Mio. km	741 / 817 Mio. km
Umlaufzeit	88 d	225 d	365,256 d	87 d	12 a
Tageslänge[2]	59 d	244 d	24 h	25 h	10 h
Neigung der Rotationsachse	0,01°	177°	24°	25°	3°
Neigung der Bahnebene	7°	3,4°	0,0°	1,9°	1,3°
Atmosphäre	-	+	+	(+)	+
Magnetfeld	(+)	-	+	-	++
Ringe	-	-	-	-	(+) (4)

+:ja; ++:stark; (+):schwach; -:nein [1]: Bei Gesteinsplaneten an der Oberfläche; bei Gasplaneten bei 1 bar [2]: Rotationsdauer - **nicht** die Sonnentageslänge

Maßgeblich verantwortlich für periodische Änderungen des Strahlungshaushaltes, und damit deren Einfluss auf die Entwicklung der Oberflächentemperatur der Erde, sind u.a. die astronomischen Faktoren der sogenannten **Milankovitch-Zyklen**. Milutin Milankovitch (1879- 1958) war ein serbischer Mathematiker und Geophysiker. Er untersuchte die folgenden drei wichtigsten Zyklen der Bahn- und Bewegungsparameter der Erde auf ihrer Umlaufbahn um die Sonne (z.B. MILANKOVITCH 1930).

Die Erdumlaufbahn um die Sonne ändert sich in Zyklen von **100.000 – 110.000 Jahren** von einer nahezu kreisförmigen Bahn zu einer leicht elliptischen Bahn. Dies ist der Zyklus der sogenannten Exzentrizität. Die **Exzentrizität** ist ein numerisches Maß für die Abweichung von der Kreisform (Abb. 9-A). Abb. 8 zeigt das Schwanken der Exzentrizität der Erdumlaufbahn (um die Sonne) zwischen 1.000.000 Jahre vor und nach heute. Grund für diese Erdbahnänderung sind Schwerkrafteinflüsse hauptsächlich der Planeten Venus und Jupiter, aber auch in geringerem Maße die der anderen Planeten unseres Sonnensystems. Schon in der Antike beschrieben die griechischen Philosophen, Mathematiker und Astronomen die Planeten- und Sternenbahnen. Die elliptische Umlaufbahn der Erde um die Sonne wurde von Johannes Kepler (1571 - 1630) im 17. Jahrhundert erkannt und in seinen „Keplerschen Gesetze“ beschrieben.

Heute, d.h. in der gegenwärtigen Warmzeit des sogenannten Holozäns, kommt die aktuelle Umlaufbahn der Erde um die Sonne nahezu einer Kreisbahn gleich. D.h. ihre Exzentrizität ist sehr klein und hat den Wert 0,017. Voraussichtlich in knapp weniger als 30.000 Jahren wird die Exzentrizität wieder ihr Minimum erreichen mit einem Wert kleiner als 0,003 (Abb. 8 und Abb. 11). Ein perfekter Kreis hat den Wert 0 und Ellipsen Werte größer 0, aber kleiner 1. Erst wenn die Ellipse zu einer Geraden wird, hat diese dann den Wert von 1. Der aktuelle Abstand zwischen Erde und Sonne, bei sehr kleiner heutiger numerischer Exzentrizität von 0,017, pendelt zwischen einem Minimum von ca. 147,1 Millionen Kilometern, in Sonnennähe, dem sogenannten **Perihel**, und einem Maximum von rund 152,1 Millionen Kilometern in größter Sonnenferne, dem **Aphel**. Gegenwärtig sind wir auf der Nordhalbkugel im Winter näher an der Sonne (d.h. im Perihel) als im Sommer (im Aphel), was sich ebenfalls im Laufe der Erdgeschichte ändert. Dazu aber mehr später.

Abb. 8 (folgend): Berechnete numerische Exzentrizitätswerte der Erdumlaufbahn (um die Sonne) 1.000.000 Jahre vor und nach heute. Der aktuelle Wert (im gegenwärtigen Holozän) ist 0,0167 und liegt damit deutlich unter dem Mittelwert von 0,02674 (**blaue Linie**). D.h. die aktuelle Umlaufbahn der Erde um die Sonne kommt einer Kreisbahn sehr nahe. Kalt- und Warmzeiten auf der Erde korrelieren deutlich mit Maxima bzw. Minima der Exzentrizität. Quelle: http://www.geoastro.de/kepler/eccentricity1.html (s. auch Abb. 11).

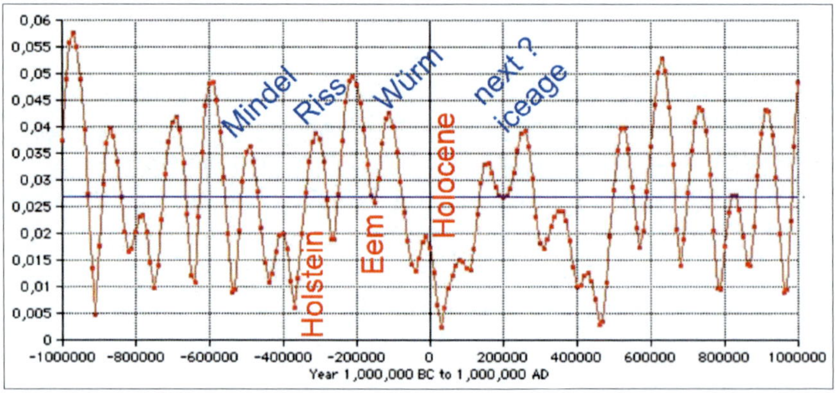

Abb. 8

Dies sind immerhin **5 Millionen Entfernungskilometer** Differenz, bzw. ca. 3 % bzgl. der mittleren Entfernung Erde-Sonne – nur um sich die Dimension dieser astronomischen Variablen vorzustellen. Bei zunehmender Exzentrizität vergrößert sich der Abstand Sonne-Erde im Aphel (Sonnenferne). D.h., die Entfernung Erde-Sonne ist im Aphel (Sonnenferne) bei kleiner Exzentrizität (heute ca. 0,017) deutlich geringer ist als bei großer Exzentrizität (bis zu 0,06 während den letzten Eiszeiten). Bei nur gering größerem Ellipsenradius im Aphel (Sonnenferne) bei zunehmender Exzentrizität wird der Abstand Erde-Sonne entsprechend größer und die Strahlungsintensität der Sonne geringer. Hierbei muss das Abstandsquadratgesetz berücksichtigt werden, das besagt, dass die Strahlungsintensität einer punktförmigen Strahlungsquelle (wie die Sonne) proportional zum **Quadrat des Abstands** von der Strahlungsquelle (hier die Sonne) kleiner wird. Dies heißt, dass bei größer werdender Entfernung von der Sonne die Intensität der Strahlung in Abhängigkeit der linearen Differenzlänge zum Quadrat abnimmt. Das hört sich alles recht kompliziert an, ist mathematisch aber einfach fassbar und berechenbar.

Abb. 9 (folgend): Darstellung der 3 astrophysikalischen Milankovitch-Zyklen; 9-A: Änderung der mehr oder weniger elliptischen Umlaufbahn der Erde um die Sonne (Exzentrizität) mit einer Zyklizität von ca. 100-110.000 Jahren; 9-B: zyklische Änderung der Neigung der Erdachse (Ekliptikschiefe), die im Laufe von ca. 41.000 Jahren variiert zwischen 22,1° und 24,5°; 9-C: Darstellung des Taumelns der Erdachse (Präzession) in Zyklen von 19.000 bis 23.000 Jahren. Quelle: TARBUCK et al. (2005).

Abb. 9

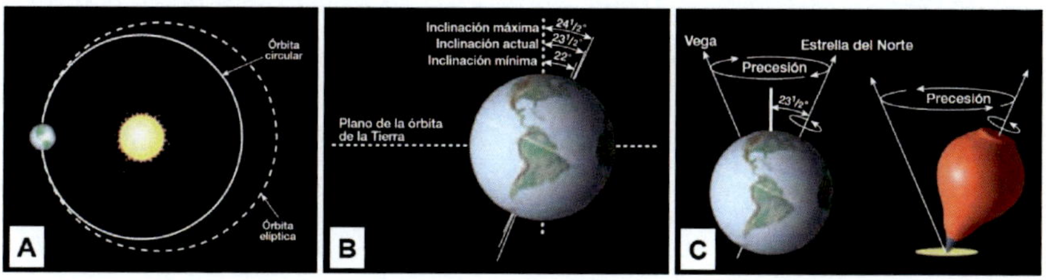

Bei geringer Sonnenferne im Aphel (max. Sonnenferne), wie in der heutigen Warmzeit des Holozäns, ist die Strahlungsintensität der Sonne zum Quadrat des Entfernungsunterschiedes größer als bei größerer Sonnenferne im Aphel während den letzten Eiszeiten bei größeren Exzentrizitätswerten von bis zu 0,06 (d.h. weniger kreisförmige Umlaufbahn der Erde). Eine relativ größere Exzentrizität, führt letztendlich zu größeren Temperaturunterschieden zwischen Winter und Sommer auf beiden Erdhalbkugeln, da zwischen minimaler (Perihel-) und maximaler (Aphel-) Sonnenentfernungs-Position der Erde 6 Monate (½ Jahr) vergehen. Dies ist besonders relevant für die höheren geographischen Breiten, wo sich die Unterschiede der Sonneneinstrahlung (bzw. Oberflächentemperatur) zwischen Sommer und Winter stärker auswirken. Unter der Annahme, dass der mittlere Abstand Erde–Sonne (149,6 Millionen Kilometer) gleich bliebe, würde bei einer Exzentrizität von 0,06 die Sonnen-nahe Entfernung (im Perihel) ca. 140,6 Millionen Kilometer betragen und im Aphel (max. Sonnenferne) ca. 158,6 Millionen Kilometer. Die Differenz wären dann 18 Millionen Kilometer, bzw. 12 % der mittleren Entfernung.

Die Exzentrizität ändert sich nicht nur in ca. 100.000-110.000 Jahre andauernden Zyklen, wie sie von Milan Milankovitch erkannt wurden. Neuere geowissenschaftliche Untersuchungen bestätigen inzwischen auch einen weiteren Zyklus von ca. 405.000-413.000 Jahre, der sich über Hunderte von Jahrmillionen zurückverfolgen lässt (z.B. KENT et al. 2018). Dazu kommen noch die negativen bzw. positiven Einwirkungen auf die Temperaturentwicklung der Erdatmosphäre und der Ozeane der nächsten beiden, im Folgenden beschriebenen, sich überlagernden Milankovitch-Zyklen.

In einem Zyklus von ca. **41.000 Jahren** variiert außerdem der Neigungswinkel der Erdachse (**Ekliptikschiefe**) zwischen 22,1° und 24,5° (Abb. 9-B). Der Neigungswinkel, bzw. die geographische Lage der sogenannten Wendekreise südlich und nördlich des Äquators, werden in den Schulatlanten mit 23,5° angegeben. Zurzeit beträgt der Neigungswinkel 23,43684° und verringert sich monatlich um ca. 0,00001°. Bei größerer Ekliptikschiefe (Neigung nahe 24,5°) sind die Temperaturunterschiede (d.h. die Sonneneinstrahlung) zwischen Sommer und Winter auf der Nord- und Südhalbkugel (vor allem in den höheren Breiten) extremer als bei kleiner Ekliptikschiefe (Neigung nahe 22,1°). Dies ist besonders relevant für

Klimaänderungen auf der Nordhalbkugel mit höherem Festlandanteil im Vergleich zur Südhalbkugel.

Bei geringer Erdachsenneigung (Ekliptikschiefe) sind die Winter in den höheren Breiten weniger streng. Jedoch können Gletscher größere Schneemassen akkumulieren, da die Verdunstung über dem Meer höher ist und damit mehr Niederschlag fallen kann, bzw. Schnee, wenn die Temperaturen unter dem Gefrierpunkt liegen. In den Sommern wird dagegen die Ablation (das Abschmelzen von Eis und Schnee) durch die geringere Sonneneinstrahlung und die damit im Mittel niedrigeren Temperaturen vermindert. D.h. bei geringer Achsneigung sind die Voraussetzungen für die Bildung von kontinentalen Eisschilden insgesamt günstiger als bei hoher Achsneigung. Tatsächlich liegen die Kaltzeiten des Pleistozäns (der letzten 2,5 Millionen Jahre) meist in Phasen, für die eine geringe Neigung der Erdachse berechnet wurde, während die Warmzeiten mit Phasen hoher Achsneigung korrelieren. Nimmt man bei Abb. 4 noch das Marine Isotopen-MIS- Stadium 22 hinzu, so beträgt die dabei erfasste Zeitspanne rund 900.000 Jahre. Entsprechend dauert eine einzelne MIS-Phase ca. 40.900 Jahre, was dem Zyklus der Ekliptikschiefe entspricht. Dies deutet darauf hin, dass die periodischen Änderungen der Ekliptikschiefe in den Marinen Isotopen-Stadien, als Ausdruck der Temperaturentwicklung durch die „proxy"- $\delta^{18}O$-Indexwerte, wesentlich den Takt angeben.

Hinzu kommt, dass sich ebenfalls die **Präzession** der Erdachse in einem Zyklus von ca. **19.000-23.000 Jahren** ändert. Mit Präzession ist das Wackeln (Trudeln oder Taumeln) der Erdachse um die Senkrechte der Erdumlaufbahn gemeint (Abb. 9-C). Mit der Präzessionsbewegung, bei der die Erdachse um die Senkrechte zur Erdbahn kreist, d.h. sie rotiert um den Pol, ändern sich langsam die jahreszeitlichen Positionen der Erde auf der Bahn um die Sonne. Damit ändert sich das Datum von Aphel (max. Sonnenferne, heute max. 152,1 Millionen Kilometer Entfernung Erde–Sonne) und Perihel (max. Sonnennähe, heute min. 147,1 Millionen Kilometer Entfernung Erde–Sonne). Das Wandern der Sonnen-fernen Perihel-Position, bzw. Sonnen-nahen Aphel-Position, entlang der Umlaufbahn der Erde, ist eine Folge der Präzessionsbewegung der rotierenden

Erdkugel, die an den Polen leicht abgeplatteter (flacher) ist als am Äquator. Der Erddurchmesser beträgt am Äquator ca. 12.756 km und an den Polen ca. 12.713 km. Die Gravitationskräfte der Sonne, des Mondes und deutlich schwächer die der Nachbarplaneten, wirken auf die schräg stehende Kreiselbewegung der Erde ein. Vergleicht man die Entwicklungen der Temperatur und der Sonneneinstrahlungsenergie der letzten beiden Eiszeiten (Würm und Riss), quasi höher aufgelöst wie in Abb. 10, so erkennt man deutlich den „kleinteiligen" Rhythmus des Zyklus der Präzession (11 Zyklen in rund 250.000 Jahren).

Derzeit ist das Datum des Sonnen-fernen Aphels Anfang Juli, d.h. im Sommer der Nordhalbkugel. Somit ist die Sonneneinstrahlung des Nordhemisphären-Sommers etwas geringer (da die Erde am weitesten von der Sonne entfernt ist) als die des Südhemisphären- Sommers (ein halbes Jahr später/früher, d.h. im Januar, wenn die Erde im Perihel, d.h. in Sonnennähe, steht). Am Ende der letzten Eiszeit (vor ca. 11.700 Jahren) war dies anders. Diese 11.700 Jahre entsprechen ungefähr der Hälfte des Präzessions-Zyklus von bis zu 23.000 Jahren. Damals befand sich die Erde im Nordhemisphären-Winter am weitesten entfernt von der Sonne (im Aphel). Die Präzession beeinflusst somit ebenfalls deutlich die Sonneneinstrahlung und verstärkt die Temperaturgegensätze (d.h. die Jahreszeitlichen Positionen) auf der einen Halbkugel, bzw. verringert diese auf der anderen Halbkugel. So haben wir derzeit (betrachtet in geologischen Zeiträumen) mildere Winter und kühlere Sommer auf der Nordhalbkugel, und kühlere Winter und wärmere Sommer auf der Südhalbkugel. Abb. 10 zeigt eine klare Korrelation zwischen der Temperaturentwicklung und der Strahlungsintensität der Sonne der letzten beiden Eiszeiten (auf Basis von „proxy"-Indexdaten). Die Riß- und Würm-Kaltzeiten korrespondieren deutlich mit den Sonneneinstrahlungs-Minima, die Eem- und die aktuelle Holozän-Warmzeit mit den Sonneneinstrahlungs-Maxima der Milankovitch-Zyklen.

Abb. 10 (folgend): Temperaturentwicklung (Auswertungen von „proxy"-Indexwerten des Vostok- Eiskerns aus der Antarktis, zackige **violette Linie**) und „Sonneneinstrahlung (**schwarze Linie**) lassen die Milankovitch-Zyklen der letzten 250.000 Jahre erkennen. Die Riß- und Würm- Kaltzeiten korrespondieren deutlich mit den Sonneneinstrahlungs-Minima, die Eem- und die aktuelle Holozän-Warmzeit mit den Sonneneinstrahlungs-Maxima, und zeigen eine deutliche Übereinstimmung mit den Milankovitch-Zyklen. Quelle: www.climatedata.info.

Abb. 10

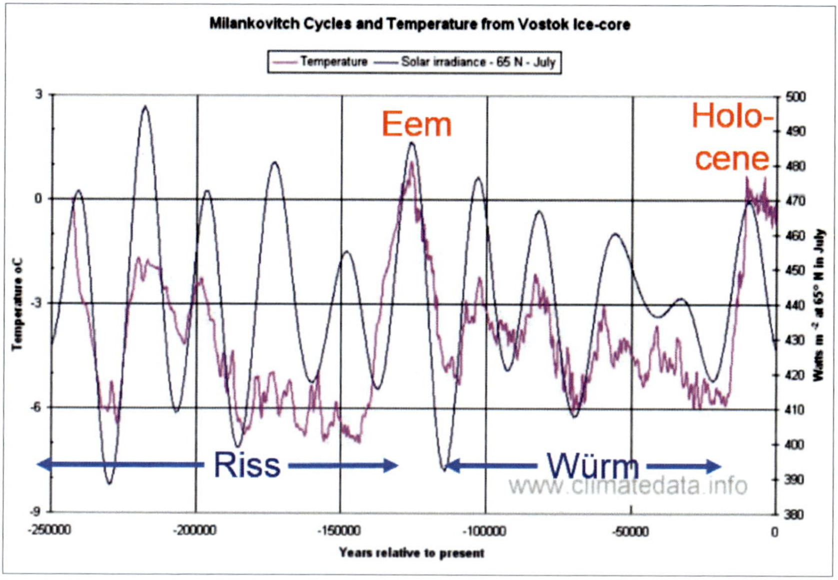

Wie in Abb. 8 präsentiert, beträgt der heutige Wert der numerischen Exzentrizität 0,0167 und liegt damit deutlich unter dem Mittelwert von 0,02674. Dies bedeutet, die aktuelle Umlaufbahn kommt einer Kreisbahn sehr nahe. Während der letzten Eiszeit (der Würm- Kaltzeit vor ca. 100.000 Jahren) war die Exzentrizität ungefähr 2,5 Mal höher als heute, d.h. die Erdumlaufbahn war elliptischer, bzw. die Erde war zeitweise deutlich weiter entfernt von der Sonne als heute. Entsprechend der weiteren Veränderung der Exzentrizität gemäß Abb. 8, nimmt die Exzentrizität während den nächsten Zehntausenden von Jahren zunächst weiter ab auf einen Wert unter 0,005, bevor sie wieder ansteigt auf Werte deutlich über dem Mittelwert von 0,027, wobei die Umlaufbahn der Erde um die Sonne dann wieder deutlich elliptischer sein wird.

Abb. 11 (folgend): Versuch einer Prognose zur Klimaentwicklung der Erde in den nächsten 80.000 Jahren (x-Achse) nach VINÓ (2018).

Rote Linie: Sommer-Einstrahlungsenergie in 65° nördlicher Breite (nach HUYBERS 2006).

Blaue Linie: Entwicklung der CO_2-Konzentration (nach ARCHER 2005).

Schwarze Linie: Eisvolumen der letzten 30.000 Jahre (nach LISIECKI & RAYMO, 2005) mit inverser Werteskala der linken y-Achse!

Dunkelgraue noch zackige Linie: zukünftige Entwicklung des Eisvolumens basierend auf orbitalen (astrophysikalischen) Einflüssen mit inverser $\delta^{18}O$-„proxy-“Indexwerte der linken y- Achse!

Hellgraue nahezu horizontale Linie: Eisvolumen entsprechend der Hypothese einer langanhaltenden anthropogen verursachten Warmzeit (nach GANOPOLSKI et al. 2016).

Gepunktete Linie: Entwicklung der Exzentrizität (nach LASKAR et al. (2004), s. auch Abb. 8)

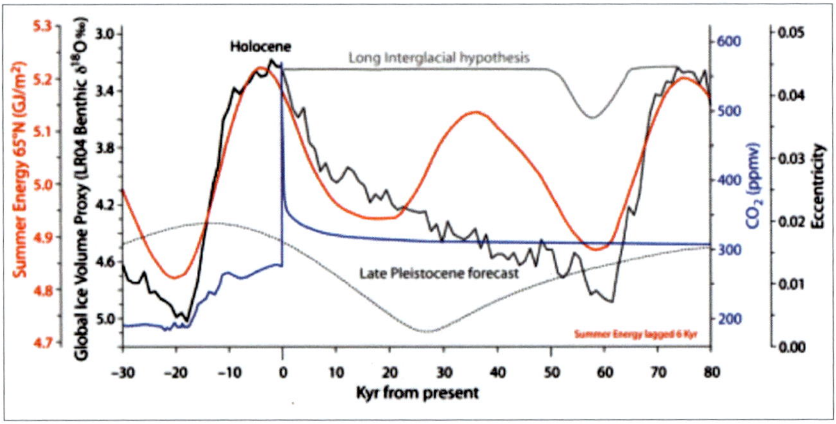

Abb. 11

In den Kurvendarstellungen der Abb. 11 wurde versucht, die Entwicklungen des Energiehaushaltes, der Eisvolumina und der CO_2-Konzentrationen für die nächsten 80.000 Jahre zu prognostizieren. Entsprechend der gepunkteten Linie nimmt die Exzentrizität ab auf Werte unter 0,005 (gepunktete Linie mit schwarzer Werteskala auf der y-Achse rechts). Der Energiehaushalt (auf der Nordhalbkugel) variiert annähernd im Rhythmus der ca. 41.000 Jahre andauernden Zyklen der Ekliptikschiefe (**rote Linie**). Für die Entwicklung der Eisvolumina werden zwei konträre Szenarien angeboten. Sollte die aktuelle interglaziale Warmzeit länger anhalten („long interglacial hypothesis"), würde das Eisvolumen mehr oder weniger gleich bleiben auf niedrigem Niveau (hellgraue Linie, mit inverser Werteskala auf der linken y-Achse). Dies ist das bevorzugte Szenario der Anhänger des anthropogen verursachten Klimawandels aufgrund erhöhter CO_2-Werte. Das zweite Szenario berücksichtigt (**blaue Linie**) die orbitalen Einflüsse (der Milankovitch-Zyklen) mit einer zukünftigen Abkühlung der Erde und erneuter Zunahme der Eismassen. Die CO_2-Konzentrationen könnten sich dann auf Werte von knapp über 300 ppm einstellen.

Vergleicht man die Dauer der letzten interglazialen Warmzeiten, so zeigt sich, dass die Eem-Warmzeit (vor der letzten Würm-Kaltzeit, benannt nach dem Fluss Eem in den Niederlanden) ca. 11.000 Jahre andauerte (s. Abb. 3 und Tab. 1). Die Warmzeit davor, das Holstein-Interglazial zwischen Riß- und Mindel-Kaltzeit, hielt ca. 15.000 Jahre an. Die Warmzeiten davor (z.B. Donau-Günz-Interglazial) dauerten bis zu 30.000 Jahre an. Jedoch muss in diesen sehr großen Zeiträumen durchaus mit kürzeren Episoden kälterer wie auch wärmerer Zwischenperioden (s. auch MIS-Unterstadien in Abb. 4) gerechnet werden, wie diese z.B. während der letzten Eiszeit, und auch seit der letzten Eiszeit, d.h. seit den letzten 12.000 Jahren zu beobachten sind (s. Abb. 6 oder Abb. 47 weiter unten). Schon vor über einhundert Jahren erkannten Naturwissenschaftler die Abhängigkeit des Erdklimas von der Veränderung der Entfernung der Erde–Sonne. Tabelle 2 zeigt die damals berechneten Minima und Maxima der Exzentrizität der Erdumlaufbahn für Jahrtausende vor 1850, mit Nennung der letzten vier großen klassischen Eiszeiten und des „baltischen Eisvorstoßes" vor ca. 14.000 Jahren.

Tab. 2 (folgend): Minima und Maxima der Exzentrizität der Erdumlaufbahn (Jahrtausende vor 1850) berechnet von STOCKWELL und McFARLAND in PILGRIM (1904) aus KÖPPEN & WEGENER (1924), 2015 reprint) mit Nennung der letzten vier großen klassischen Eiszeiten und des „baltischen Eisvorstoßes".

Tab. 2

Minima der Exzentrizität				Maxima der Exzentrizität				Eiszeiten
Stockwell		Mc Farland		Stockwell		Mc Farland		
				−836	0,0655	−842	0,0652	
−782	0,0022	−791	0,0061?					
				−737	0412	−749	0410	
−693	0240	−703	0230					
				−656	0364	−665	0353	
−616	0134	−623	0121					
				−566	0522	−571	0535	(Günz-Eiszeit)
−515	0018	−521	0022					
				−465	0433	−472	0438	(Mindel-Eiszeit)
−408	0103	−412	0102					
				−369	0221	−372	0207	—
−350	0199	−356	0186					
				−301	0361	−305	0377	—
−257	0097	−260	0093					
				−200	0462	−205	0474	(Riß-Eiszeit)
−145	0254	−148	0253					
				−98	0408	−100	0408	(Würm-Eiszeit)
−45	0105	−45	0104					
				−13	0197	−14	0197	(Balt. Vorstoß)
−26	0044	—						

Je nachdem wie sich die genannten Milankovitch-Zyklen überlagern, d.h. min./max. Exzentrizität (mit Variation der Entfernung Erde–Sonne), min./max. Ekliptikschiefe (Neigungswinkel der Erde), und min./max. Präzession (Trudeln) der Erdachse, kommt es zu sich periodisch wiederholenden Zeitabschnitten minimaler oder maximaler Sonneneinstrahlung. D.h., es entwickeln sich extreme Kalt- oder Warmzeiten auf unserem Planeten, die nicht immer identisch sind (hinsichtlich Dauer und Intensität), aber ähnlich ablaufen (Abb. 3 und Abb. 8). Treffen z.B. bei kleinerer Exzentrizität (weniger ellipsenförmige Erdumlaufbahn), größere Erdachsenneigung (bis 24,5°), und eine Sonnennahe Perihel-Position im Nordhemisphären-Sommer aufeinander, so ergibt sich eine besonders starke sommerliche Einstrahlung in den höheren Breiten der Nordhalbkugel, wo die Schnee- und Eisbedeckungen der großen Landmassen Grönlands, Sibiriens, Alaskas und Kanadas stärker abschmelzen könnten. Das andere (kältere) Extrem entstünde z.B. bei größerer Exzentrizität, geringerer Ekliptikschiefe und Sonnen-naher Perihel-Position im Nordhemisphären-Winter, mit milden Wintern und kühlen Sommern auf der Nordhalbkugel.

Abb. 12 (folgend): Die Sonnenaktivität (Sonneneinstrahlung, **orangefarbige Kurve**) steht eher in enger Relation zu den Temperaturschwankungen (**rote Kurve**) als die stetig monotone CO_2-Zunahme (**grüne Kurve**) der letzten 50 Jahre. Quelle: BGR: Klimafakten (2004).

Abb. 12

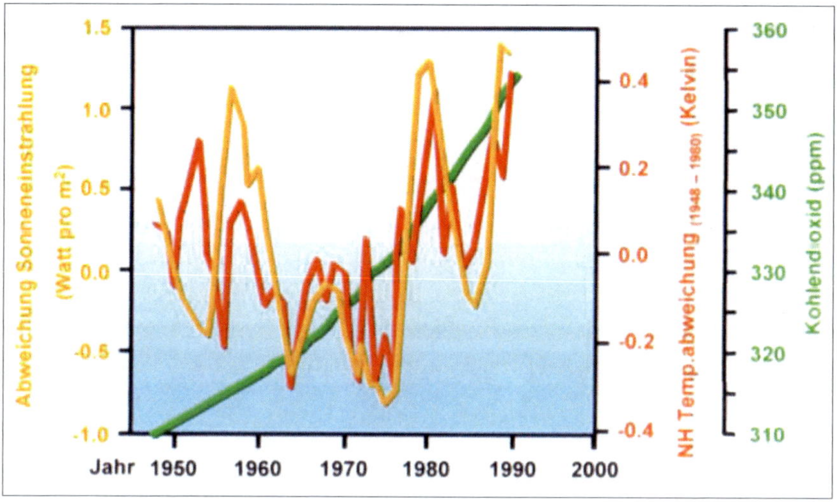

In den Abb. 5, 10-12 ist die Entwicklung der Sonneneinstrahlung, bzw. Sonnenaktivität, zusammen mit der Temperaturentwicklung dargestellt. Wie weiter oben erläutert, dienen verschiedene Parameter (als „proxies"), wie z.B. die Konzentrationen der Isotopen ^{14}C, ^{10}Be und ^{18}O, etc., stellvertretend als Maß für die Sonneneinstrahlung, bzw. für die Temperaturentwicklung der Vergangenheit. Abb. 12 zeigt zusätzlich den nahezu linearen monotonen Anstieg der CO_2-Gehalte, der mitnichten das Auf und Ab des Temperaturverlaufs abbildet, im Gegensatz zum nahezu der Temperatur gleichlaufenden Verlauf der Sonnenenergie. Warum sollte die immer zackig-verlaufende Temperaturentwicklung einer mehr oder weniger linear verlaufenden **CO_2-Entwicklung** hinterherlaufen? Weil es nicht so ist, bzw. der umgekehrte Fall korrekt ist. Die Entwicklung der CO_2-Gehalte in der Atmosphäre läuft der Temperaturentwicklung hinterher! Die Temperaturentwicklung der Ozeane und der Atmosphäre bestimmen, jedoch mit einem gewissen Nachlauf, den CO_2-Gehalt in der Atmosphäre.

Bezüglich des Einsetzens und der Dauer der oben genannten natürlichen Zyklen, sollte klar sein, dass dies aufgrund der Komplexität unterschiedlicher Faktoren nicht vergleichbar ist mit einem gleichmäßig tickenden hoch präzisen mechanischen Chronometer. Man kann hier vielleicht den Vergleich mit dem Phänomen der immer wiederkehrenden Gezeiten der Ozeane anführen. Sicher ist der stetige Wechsel von Flut und Ebbe, ca. alle 6 Stunden. Aber der genaue Beginn und die Dauer einer Gezeit, wie auch deren Höhe und Intensität, variieren kontinuierlich, was im Wesentlichen von den ständig wechselnden Positionen zu einander von Sonne, Mond und Erde abhängt, wie auch von der Größe und Form der Meere. Betrachtet man zum Beispiel den Zeitraum von rund 120.000 Jahren, zwischen der heutigen Holozän-Warmzeit und der letzten Eem-Warmzeit (Abb. 10), dann entspricht dies auch annähernd 3 Zyklen (von jeweils ca. 41.000 Jahren) der Ekliptikschiefe bzw. 5 Zyklen der Präzession (von jeweils bis zu 23.000 Jahren), neben dem ca. 110.000 Jahre langen Zyklus der Exzentrizität.

Da wir thematisch gerade bei unserem Sonnensystem sind, möchte ich noch kurz auf die hohen Oberflächentemperaturen unseres Nachbarplaneten **Venus** eingehen, die im Mittel bei 460°C liegen (s. Abb. 7). Die Venus ist zirka 1/3 näher gelegen an der Sonne als die Erde und umrundet die Sonne auch ungefähr in einem Drittel kürzerer Zeit im Vergleich zu unserem Erdenjahr. Das besondere an der Venus ist ihre bis in ca. 250 km Höhe reichende Atmosphäre, die zu über **96 %** aus **CO_2**, ca. 3,5 % Stickstoff (N_2) und Spuren von Wasserdampf und anderen Gasen besteht. Der Atmosphärendruck an ihrer Oberfläche beträgt rund das 90-fache des Oberflächenatmosphärendruckes der Erde. Auf der Venus gibt es **kein Wasser** und somit auch keine Ozeane, die aus Wasser bestehen. Ganz anders als auf der Erde, bestehen die oberen Wolkenschichten der Venus aus Tröpfchen von Schwefelsäure (H_2SO_4). Ihre große Helligkeit verdankt die Venus übrigens dem hohen Reflexionsvermögens dieser sehr dichten, quasi „opaken" **Schwefelsäure-Wolkendecken**. Die hohe Oberflächentemperatur der Venus mit ihrer CO_2-Atmosphäre wird oft als Beweis für den Treibhauseffekt des CO_2 auf der Erde, bzw. als „worst case", herangezogen, ohne die extrem großen Unterschiede der Atmosphären beider

Planeten, sowie die wesentlich größere Nähe der Venus zur Sonne zu erwähnen. Wie wir weiter unten sehen werden, spielen die Ozeane der Erde, d.h. das Wasser und die Wolken, bestehend aus Wasserdampf (bzw. Wasser oder Eis), eine sehr bedeutende Rolle bei der Wetter- und Klimaentwicklung der Erde. Man kann die Temperaturkonditionen der Atmosphäre der Venus, die fast vollständig aus CO_2 (> 96 %) besteht, und deren nahezu undurchlässige Schwefelsäure-Wolken, nicht mit der Erdatmosphäre vergleichen, die hauptsächlich Stickstoff (N_2), Sauerstoff (O_2) und nur 0,04 % (oder 400 ppm) CO_2 enthält. Wesentlich dabei ist vor allem, dass die Wolkendecken der Erde aus Wasserdampf bestehen. Um es noch klarer zu machen: der CO_2-Gehalt der Venusatmosphäre ist 2.400-mal höher als der CO_2-Gehalt der Erdatmosphäre!

Um dieses Kapitel kurz zusammenzufassen: Während den letzten 2,6 Millionen von Jahren pendelte die Erde kontinuierlich unzählige Male zwischen länger andauernden Kaltzeiten und kürzer anhaltenden Warmzeiten. Dies führte zu wiederholten Verschiebungen der Klimazonen auf der Erdoberfläche. Die Mechanik, bildlich gesprochen, die diese periodischen Wechsel zwischen kalt und warm antreibt, sind die orbitalen Parameter der Umlaufbahn der Erde um die Sonne. Diese äußern sich in verschiedenen Zyklen von einigen Duzenden und Hunderten von Jahrtausenden, Milankovitch-Zyklen genannt, die sich gegenseitig überlagern und sich somit direkt auf das Klima der Erde und ihre Temperaturentwicklung auswirken. Seit der letzten großen Eiszeit, dem Würm-Glazial, das rund 100.000 Jahre andauerte und vor etwa 12.000 Jahren endete, leben wir heute glücklicherweise in einer wenn auch relativ kurzen Warmzeit, dem Holozän-Interglazial, bevor die Erde in einer nicht zu fernen Zukunft, voraussichtlich innerhalb der nächsten Hunderten oder wenigen Tausenden von Jahren, wieder in die nächste Eiszeit abtauchen wird.

4: Unsere pulsierende Sonne

Neben den im vorigen Kapitel genannten sehr langfristigen Einflüsse der die Erde erreichende Sonnenstrahlung, wie die Bahnparameter der Umlaufbahn der Erde um die Sonne, d.h. die Entfernung zur Sonne, wie auch die Neigung und das Taumeln der Erdachse, gibt es zusätzlich relativ kurzfristige Ereignisse der Sonnenaktivität, die den Strahlungshaushalt bzw. die Temperaturentwicklung auf der Erde wesentlich beeinflussen. Im ersten Fall (Kapitel 3) sind es orbitale Zyklen von mehreren bis vielen Zehntausenden Jahren Dauer. Wie wir sehen werden sind es im zweiten Fall **heliophysikalische Zyklen** von nur Duzenden und Hunderten von Jahren. Im Inneren der Sonne laufen permanent gewaltige Kernfusionsreaktionen ab durch die Verschmelzung von Wasserstoffatomen zu Helium bei Temperaturen um die 15 Millionen Grad Celsius. Noch an der Oberfläche der Sonne, der sogenannten Photosphäre, die wir als gelben Feuerball am Himmel sehen, herrschen Temperaturen von bis zu 5.700 Grad. Von dort strömt die Energie in Form von Strahlung radial ins Weltall. Einen Teil der elektromagnetischen Sonnenstrahlung nehmen wir auf der Erde als Wärme und Licht war. Daneben umfasst sie aber noch für uns unsichtbare Frequenzbereiche kurzwelliger Röntgenstrahlung, ultravioletter Strahlung und langwelliger Radiostrahlen.

Letztendlich wirkt die Sonne wie ein gigantischer Magnet, oder Dynamo, hinsichtlich ihres inneren Aufbaus aus Plasmaschichten mit entsprechenden Magnetfeldern, die permanent in Bewegung sind, bzw. sich ändern. Dadurch ändert sich auch ihre elektromagnetische (ionisierende) und thermische Strahlungsaktivität, die auf der Erde und im Sonnensystem von Satelliten gemessen werden kann. Das Pulsieren der Sonne äußert sich in der Änderung ihrer Strahlungsintensität, ihres Durchmessers (von ca. 1,4 Millionen km) und auch in ihrer Eigenrotation. Die Variation all dieser Parameter beeinflusst die sogenannte Solarkonstante und damit das Temperatur- und Klimageschehen auf der Erde, neben den im vorigen Kapitel angesprochenen orbitalen Parametern. Als Ursachen für das Pulsieren der Sonne werden innere Konvektionsströme und Einflüsse der umlaufenden Planeten (z.B. Venus und Jupiter) angenommen. Letztendlich haben auch die Position und die Bewegung unseres Sonnensystems innerhalb der Milchstraße, d.h. innerhalb der Spiralgalaxie, in der sich unser Sonnensystem befindet, einen Einfluss auf das Pulsieren der Sonne.

Abb. 13 (folgend): Sonneneruptionen verursachen regelrechte Plasmafontänen, koronale Massenauswürfe, die Ausdruck sind der pulsierenden Sonne. Die Sonneneruptionen haben Einfluss auf die Stärke des Sonnenwindes und können regelrechte Protonenschauer und geomagnetischer Stürme entfachen. Quelle: Solar Dynamic Observatory (SDO: https://sdo.gsfc.nasa.gov/ und https://www.br.de/wissen/sonnensturm-sonnenwind- sonneneruption-100.html.

Abb. 13

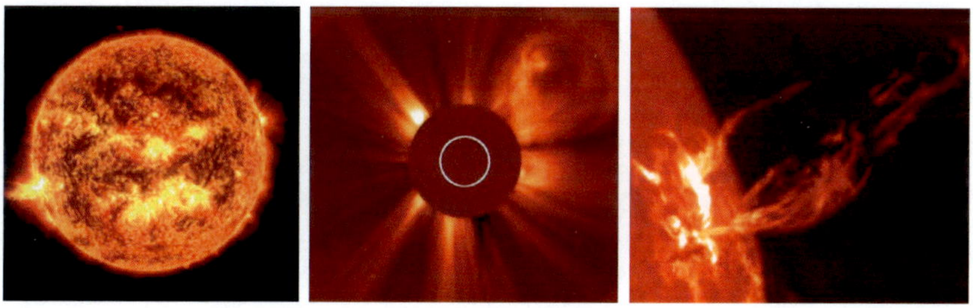

Durch das Pulsieren der Sonne kommt es zu einem periodischen Herausschleudern von Plasma aus dem Inneren über die Oberfläche der Sonne hinaus (Abb. 13). Diese Sonneneruptionen können Durchmesser von bis zu mehreren Zehntausenden von Kilometern, und Auswurfhöhen von ebenfalls bis zu mehreren Zehntausenden von Kilometern erreichen. Neben den **Sonneneruptionen** treten Sonnenfackeln, mit Temperaturen bis zu 7.000 Grad, und etwas kühlere Sonnenflecken auf. Letztere sind ca. 1.000-1.600°C kühler als ihre Umgebung, weshalb sie dunkler erscheinen und auf der Erde direkt beobachtet und gezählt werden können. Seit der

Antike werden die sich stetig ändernden Sonnenaktivitäten beobachtet und beschrieben. Es ist vor allem die **Sonnenfleckenaktivität** der Sonne, die einer mittleren Periode von rund **11 Jahren** unterliegt und eher im Verlaufe eines Menschenlebens wahrgenommen werden kann, als die Änderungen der Erdbahn um die Sonne oder der Neigung der Erdachse. Diese relativ kurzen Zyklen der Sonnenaktivität gehen einher mit der Änderung der Polarität des Magnetfeldes der Sonne. Bzgl. dieser Sonnenfleckenaktivität wurden schon vor über 200 Jahren Zyklen von ca. 11 Jahren erkannt (s. Tab. 3 u. Abb.14 und 15), bei denen sich Sonnenfleckenmaxima und -minima abwechseln.

Abb. 14 (folgend): Oben: periodische Verteilung der Sonnenfleckenanzahl während 140 Jahren mit 12 vollständigen Zyklen (Nr. 12-23); unten: Darstellung der räumlichen Verteilung auf der Sonne (sog. „Schmetterling-Diagramm") der ca. 11 jährigen Sonnenfleckenperioden mit der Abhängigkeit der Sonnenfleckenhäufigkeit von der Verlagerung der Sonnenflecken von ca. +/- 35° „heliographischer" Breite hin zum Sonnenäquator; aus www.climatedata.info.

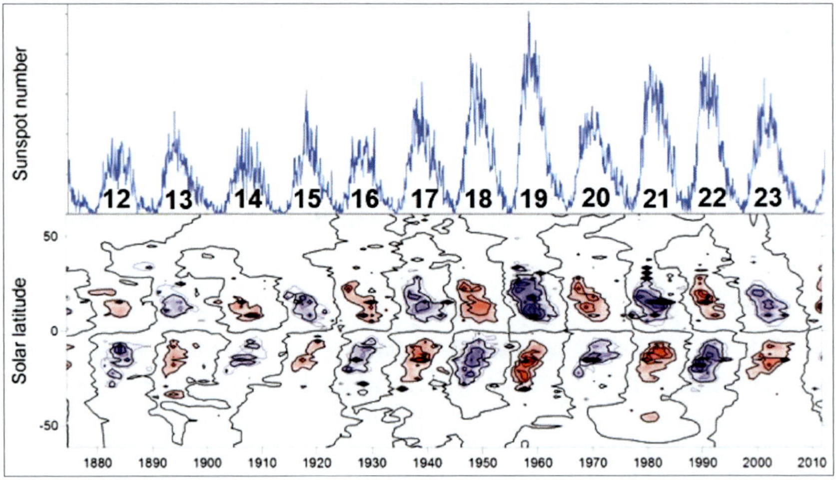

Abb. 14

Bemerkenswert ist, dass zu Beginn eines neuen Sonnenfleckenzyklus diese zuerst in mittleren „heliographischen" Breiten (+/- 35°) der Sonne beginnen und dann in Richtung Sonnenäquator wandern. In der Mitte ihrer

Wanderung zum Sonnenäquator, bei ca. +/- 15°, erreichen die Sonnenflecken ihr Maximum. Das dabei entstehende Bild wird auch „Schmetterlings-Diagramm“ genannt (Abb. 14). Diese ca. 11-Jahres-Zyklen der Sonnenaktivität haben eine große Bedeutung für die Landwirtschaft, da sie Einfluss haben auf die Niederschlagsmengen über den Landmassen, d.h. letztendlich auch auf Dürreperioden. Vor allem in semiariden Gebieten, wie z.B. Namibia im Südwesten Afrikas, hat eine mögliche Deutung und Vorhersage von regenarmen Perioden eine sehr große Bedeutung. In Abb. 15 kann man eine gewisse Abhängigkeit zwischen Niederschlagsmaximum und Sonnenfleckenmaxima erkennen, wenn auch teilweise mit einem Versatz von einigen Jahren. Bei solchen Betrachtungen müssen natürlich die regionalen klimatologischen Besonderheiten, in diesem Beispiel von Namibia, die Lage auf der Südhalbkugel, semiarides Klima und der kühle Benguela-Kaltwasserstrom des Atlantiks, berücksichtigt werden.

Abb. 15 (folgend): Jahresniederschläge (in mm) im Bereich Windhoek (1891-1907) – Hatsamas (1908-1957) – Dordabis (1958-2019) in Namibia (KRAFFT 2020): **blaue Balken**; Mittelwert aller Jahresniederschläge: 277 mm (**blaue horizontale Linie**); **orangefarbene Linie**: Jahresmittel der Sonnenfleckenanzahl aus Tabelle 3; **rote Linie**: Jahresmittel der Sonnenfleckenanzahl mit Daten des WDC-SILSO, Royal Observatory of Belgium, Brüssel 2019, bzw. SIDC Solar Influences Data Analysis Center.

Abb. 15

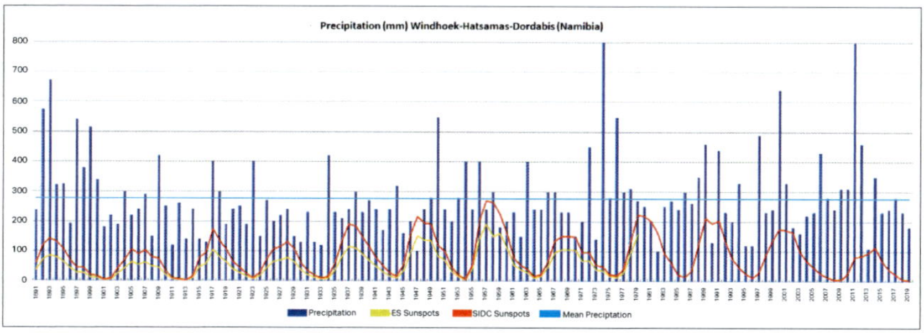

LAURENZ et al. (2019) untersuchten den Zusammenhang der Niederschläge in Europa mit den Schwankungen der Sonnenintensität in einem Zeitraum von 114 Jahren (1901-2015) und stellten einen deutlichen Einfluss der Sonnenfleckenzyklen auf die Niederschläge fest. Für Deutschland weisen vor allem die Niederschläge im Monat Februar die beste Korrelation zwischen Niederschlag und Sonnenaktivität auf (s. Abb. 16). Die Autoren kommen zu dem Schluss, dass einer Zunahme der Niederschläge in Europa ungefähr 3-4 Jahre eines Minimums der Sonnenaktivität vorausgehen, d.h. wenn die Zahl der Sonnenflecken beginnt deutlich abzunehmen. Eine ähnliche Verschiebung von einigen Jahren tritt ebenfalls bei der Sonnenaktivität-gesteuerten Nordatlantischen Oszillation (NAO) auf, vermutlich aufgrund von Memory-Effekten (s. Kapitel 5).

In den letzten 20 Jahren werden diese Phänomene und Zusammenhänge intensiver erforscht und es zeigt sich immer mehr, wie komplex die Zusammenhänge zwischen Sonnenaktivität, Wetter und Klima sind – vor allem unter dem Aspekt, dass sich unterschiedliche solare und ozeanische Zyklen überlagern. In der englischsprachigen Forschung zur modernen Heliophysik und Klimaforschung wurde in diesem Zusammenhang der Begriff des **„top-down"-Effekts** geprägt. Die ionisierende Strahlung, die die Erdatmosphäre durchdringt, fördert die Bildung von Kondensationskeimen, was die Wolkenbildung unterstützt, und hat somit auch indirekten Einfluss auf den Albedo-Effekt, d.h. die Reflektion der Sonnenstrahlung von der Erdoberfläche.

Tab. 3 (folgend): Auflistung der beobachteten Sonnenflecken (Jahresmittel) von 1750 bis 1979. In 221 Jahren (ab dem Minimum 1755 bis zum Minimum 1976) gab es 20 Fleckenaktivitätsminima, was eine Periodizität von ca. 11 Jahren verdeutlicht, s. auch orangefarbene Linie in Abb. 15. Quelle: Calendario Meteorológico Fenológico (AEMET Agencia Estatal de Meteorología, Spanien 1981).

Tab. 3

Años	Números	Años	Números	Años	Números	Años	Números	Años	Números
1750	83,4 Máx.	1800	14,5	1850	66,5	1900	9,5	1950	83,9
1751	47,7	1801	34,0	1851	64,5	1901	2,7 Mín.	1951	69,4
1752	47,8	1802	45,0	1852	54,2	1902	5,0	1952	31,5
1753	30,7	1803	43,1	1853	39,0	1903	24,4	1953	13,7
1754	12,2	1804	47,5 Máx.	1854	20,6	1904	42,0	1954	3,7 Mín.
1755	9,6 Mín.	1805	42,2	1855	6,7	1905	63,5 Máx.	1955	40,5
1756	10,2	1806	21,1	1856	4,3 Mín.	1906	53,8	1956	141,7
1757	32,4	1807	10,1	1857	22,8	1907	62,0	1957	190,2 Máx
1758	47,6	1808	8,1	1858	54,8	1908	48,5	1958	148,8
1759	54,0	1809	2,5	1859	93,8	1909	43,9	1959	159,0
1760	62,9	1810	0,0 Mín.	1860	95,7 Máx.	1910	18,6	1960	112,3
1761	85,9 Máx.	1811	1,4	1861	77,2	1911	5,7	1961	53,9
1762	61,2	1812	5,0	1862	59,1	1912	3,6	1962	37,6
1763	45,1	1813	12,2	1863	44,0	1913	1,4 Mín.	1963	27,9
1764	36,4	1814	13,9	1864	47,0	1914	9,6	1964	10,2 Mín.
1765	20,9	1815	35,4	1865	30,5	1915	47,4	1965	15,0
1766	11,4 Mín.	1816	45,8 Máx.	1866	16,3	1916	57,1	1966	47,0
1767	37,8	1817	41,1	1867	7,3 Mín.	1917	103,9 Máx.	1967	93,6
1768	69,8	1818	30,4	1868	37,3	1918	80,6	1968	105,8 Máx
1769	106,1 Máx.	1819	23,9	1869	73,9	1919	63,6	1969	105,5
1770	100,8	1820	15,7	1870	139,1 Máx.	1920	37,7	1970	104,5
1771	81,6	1821	6,6	1871	111,2	1921	26,1	1971	66,7
1772	66,5	1822	4,0	1872	101,7	1922	14,2	1972	68,9
1773	34,8	1823	1,8 Mín.	1873	66,3	1923	5,8 Mín.	1973	38,0
1774	30,6	1824	8,5	1874	44,7	1924	16,7	1974	34,5
1775	7,0 Mín.	1825	16,6	1875	17,1	1925	44,3	1975	15,5
1776	19,8	1826	36,3	1876	11,3	1926	63,9	1976	12,6 Mín.
1777	92,5	1827	49,7	1877	12,2	1927	69,0	1977	27,5
1778	154,4 Máx.	1828	62,5	1878	3,4 Mín.	1928	77,8 Máx.	1978	92,5
1179	125,9	1829	67,0	1879	6,0	1929	65,0	1979	155,4
1780	84,8	1830	71,0 Máx.	1880	32,3	1930	35,7		
1781	68,1	1831	47,8	1881	54,3	1931	21,2		
1782	38,5	1832	27,5	1882	59,7	1932	11,1		
1783	22,8	1833	8,5 Mín.	1883	63,7 Máx.	1933	5,6 Mín.		
1784	10,2 Mín.	1834	13,2	1884	63,5	1934	8,7		
1785	24,1	1835	56,9	1885	52,2	1935	36,0		
1786	82,9	1836	121,5	1886	25,4	1936	79,7		
1787	132,0 Máx.	1837	138,3 Máx.	1887	13,1	1937	114,4 Máx.		
1788	130,9	1838	103,2	1888	6,8	1938	109,5		
1789	118,1	1839	85,8	1889	6,3 Mín.	1939	90,4		
1790	89,9	1840	63,2	1890	7,1	1940	67,5		
1791	66,6	1841	36,8	1891	35,6	1941	49,1		
1792	60,0	1842	24,2	1892	73,0	1942	30,6		
1793	46,9	1843	10,7 Mín.	1893	84,9 Máx.	1943	15,2		
1794	41,0	1844	15,0	1894	78,0	1944	9,6 Mín.		
1795	21,3	1845	40,1	1895	64,0	1945	33,1		
1796	16,0	1846	61,5	1896	41,8	1946	92,4		
1797	6,4	1847	98,5	1897	26,2	1947	151,5 Máx.		
1798	4,1 Mín.	1848	124,3 Máx.	1898	26,7	1948	136,2		
1799	6,8	1849	95,9	1899	12,1	1949	135,1		

Abb. 16 (folgend): Trend der Sonnenfleckenaktivität und der Niederschlagssummen im Februar in den Jahren 1901 bis 2015 in Deutschland; in **Rot**: Anzahl der Sonnenflecken pro Jahr mit Angabe der Sonnenfleckenzyklen, in **Blau**: Summe der Niederschläge (in mm) im Februar. Quelle: LAURENZ et al. (2019).

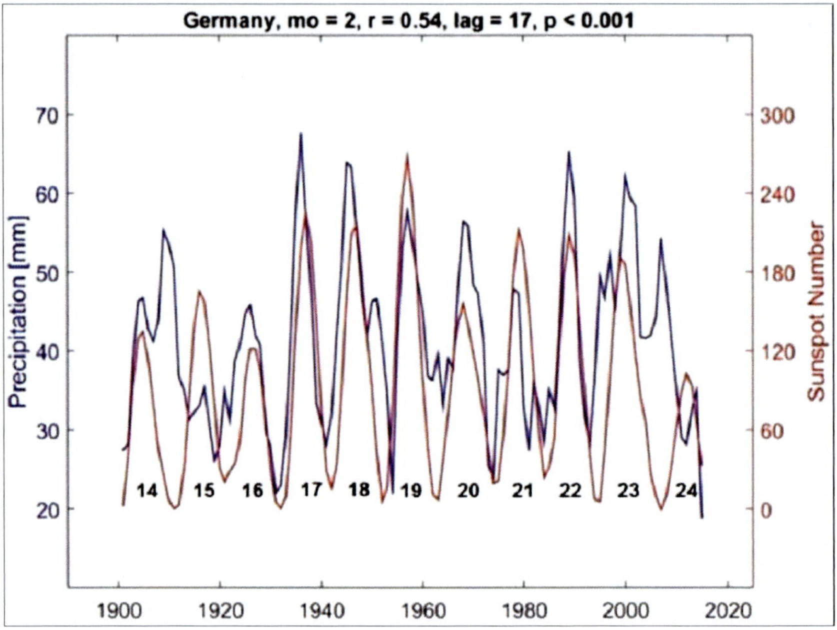

Abb. 16

Der ca. **11 Jahre** andauernde **Zyklus** wird auch **Schwabe-Zyklus** genannt, nach dem Astronom und Botaniker Samuel Heinrich Schwabe (1789-1875), der diesen Zyklus entdeckte. Darüber hinaus gibt es auch einen weiteren Sonnenflecken-Zyklus, **Hale-Zyklus** genannt, von ca. **22 Jahren** Dauer, bestehend aus 2 Schwabe-Zyklen entgegengesetzter Polarität, der von dem amerikanischen Astronom George Ellery Hale 1908 erkannt wurde. Nach jeweils ca. 11 Jahren kehrt sich die Polarität des Sonnenmagnetfeldes um, was bedeutet, dass ungefähr alle 22 Jahre die ursprüngliche Polarität wieder hergestellt ist. Der letzte Schwabe-Sonnenflecken-Zyklus, der „Solar Cycle 24", erreichte im Dezember 2019 sein finales Minimum und hielt dann ebenfalls 11 Jahre an. Gleichzeitig setzte der nächste, der aktuelle 25. Sonnenfleckenzyklus ein (s. z.B. http://sidc.be/silso/).

Fehlende, bzw. minimale Sonnenfleckenaktivitäten bedeuten geringere Sonneneinstrahlung und Abkühlung auf der Erde. In Jahren mit verminderter Sonnenfleckenanzahl verringert sich die thermische Sonneneinstrahlung auf der Erde im Ein-Promille-Bereich (1 ‰). Die Intensität der ionisierenden Strahlung der Sonne, der sogenannte Sonnenwind, hingegen kann dann im Prozent-Bereich variieren. Speziell die UV-Strahlung, wie auch die Stärke des Magnetfeldes der Sonne, schwankt im Zehner-Prozent-Bereich. Auch geringe Änderungen der UV-Strahlung, die die Erde erreicht, haben einen bedeutenden Einfluss auf Modulationen der Energie-Disposition und -Zusammensetzung der mittleren und höheren Atmosphäre, welche wiederum Einfluss nehmen auf das Strahlungsgleichgewicht der unteren Atmosphäre, wo das Wettergeschehen stattfindet. Wie wir sehen werden, hat vor allem die ionisierende Strahlung Einfluss auf die Wetterbedingungen auf der Erde. Wie oben erwähnt, wird dieser Einfluss der Sonne auf die Wetter- und Klimaentwicklung der Erde auch **„top down"-Effekt** genannt. Gegenläufig zur Abnahme der ionisierenden Sonneneinstrahlung (des sogenannten Sonnenwindes) bei geringerer Sonnenfleckenaktivität, nimmt die kosmische Strahlung zu, die zur Erde gelangt, da ein schwächerer Sonnenwind weniger kosmische Strahlung reflektiert, quasi blockiert. Dies bedeutet, dass Sonnenfleckenaktivität und Stärke der kosmischen Strahlung gegenläufig korrelieren (Abb. 17). Die kosmische Strahlung beeinflusst wiederum die Wolkenbildung in der Erdatmosphäre und hat somit auch eine Auswirkung auf das Wettergeschehen. SVENSMARK et al. (2017) weisen nach, dass bei geringerer Sonnenaktivität der Sonnenwind (zur Erde) schwächer wird, wodurch mehr kosmische Strahlung mit ihrer Ionenstrahlung ungestörter (vermehrt) die Erde erreicht. Damit können sich mehr Aerosol-Kondensationskerne in der Erdatmosphäre bilden und auch an Größe zunehmen, von wenigen nm bis zu 50 nm (1 Nanometer (nm) = 1 Tausendstel mm), wodurch letztlich Kondensationskeime entstehen für die Bildung von Regentropfen, d.h. die Wolkenbildung und spätere Niederschläge gefördert werden. Dieses Phänomen scheint über dem Land stärker ausgeprägt zu sein als über den Ozeanen. Dies zeigt, warum die Verteilung von Wasser und Land für die Wolkenbildung, bzw. für den Niederschlag, von großer Bedeutung ist, und erklärt auch die Bedeutung der großen

Landmassen der Nordhalbkugel für die Bildung großer Eisschilde auf der Nordhalbkugel während den Eiszeiten. Bis zurück ins 20. Jahrhundert hat SHAVIV (2008) nachgewiesen, dass sich die Höhe des Meeresspiegels ebenfalls im 11-Jahre-Zyklus der Sonnenaktivität ändert aufgrund der Volumenausdehnung der Wassermasse der Ozeane in Abhängigkeit der Erwärmung, bzw. Abkühlung, d.h. in Abhängigkeit von der Sonneneinstrahlung.

Abb. 17 (folgend): Sonnenfleckenzyklen 19 bis 23 zwischen 1958 und 2010. Eine intensive Sonnenaktivität, d.h. hohe Anzahl an Sonnenflecken (linke y-Achse, **blaue Linie**) bzw. ein starker Sonnenwind, schattet quasi die kosmische Strahlung, die die Erde erreicht, ab und reduziert somit deren Intensität (rechte y-Achse, ***rote Linie***). Quelle: https://climate4you.com/Sun.htm

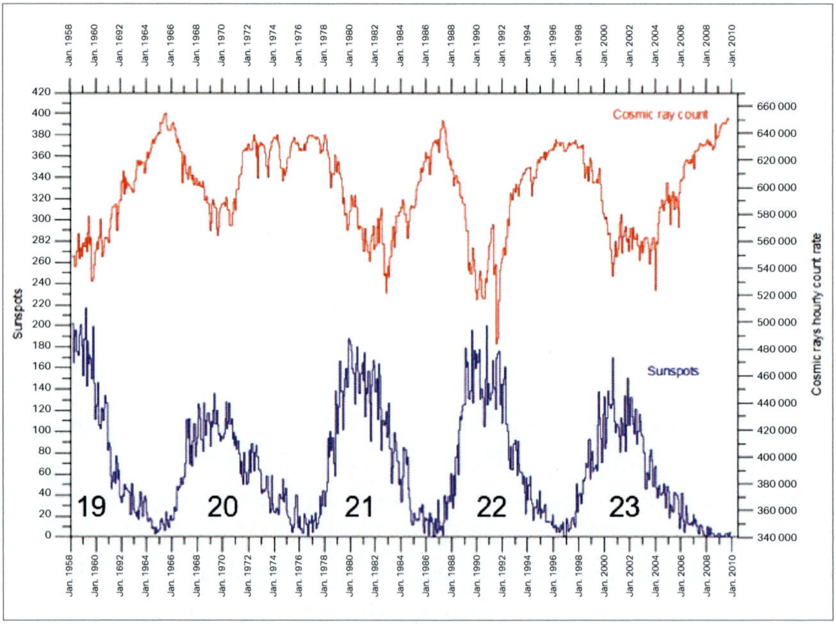

Abb. 17

Die auf der Erde beobachtbare Sonnenfleckenaktivität der Sonne kann direkt bestimmt werden über das Zählen der Sonnenfleckenereignisse. Die Änderungen der aktuellen Intensität des Sonnenwindes, der für unser Auge nicht sichtbaren ionisierenden Strahlung, werden heute routinemäßig von Satelliten und Weltraumstationen gemessen. Für die Zeit vor dem Satellitenzeitalter, vor allem für die historische und geologische Vergangenheit, ist man auf andere, indirekte Messmethoden, bzw. Parameter, angewiesen, den sogenannten „**proxies**" wie oben schon erwähnt. Ein „proxy" (Stellvertreter) für die Intensität der ionisierten **Strahlung der Sonne** ist das schon oben erwähnte ^{14}C-Isotop, auch **Radiokarbon** genannt, das in allen Pflanzen vorkommt. Es entsteht, indem atmosphärischer Stickstoff (^{14}N) durch Neutronen der hochenergetischen kosmischen Strahlung (aus dem Weltall kommend) bombardiert wird. Zur Erinnerung an den Chemieunterricht, Kohlenstoff hat die chemische Ordnungszahl 6, Stickstoff die Ordnungszahl 7, d.h. der Atomkern besteht aus 6 (C) bzw. 7 (N) Protonen. Durch die Reaktion des ^{14}N mit den Neutronen der kosmischen Strahlung, verliert dieses ein Proton und es entsteht das Kohlenstoffisotop ^{14}C mit sechs Protonen und acht Neutronen, das bei der Photosynthese in Pflanzen eingebaut wird, aber auch über die Nahrungskette in Tieren und Menschen. Stirbt eine Pflanze, ein Tier oder ein Mensch ab, wird kein ^{14}C mehr inkorporiert. Im Gegenteil, das ^{14}C wird nun in der toten Biomasse gemäß seiner Halbwertszeit von 5.730 Jahren abgebaut. Dadurch kann man über die Konzentration von ^{14}C in einem leblosen Organismus zurückrechnen, wann der Stoffwechsel in diesem aussetzte. Nach 50.000-60.000 Jahren wird die Restkonzentration von ^{14}C dann so gering, dass höhere Alter mit dieser Methode nicht mehr sicher bestimmt werden können.

Wie oben gesagt, intensiviert eine erhöhte Sonnenaktivität den **Sonnenwind** bestehend aus ionisierten Partikeln (überwiegend Protonen und Elektronen), welcher dann verstärkt die **kosmische Strahlung** reflektiert (zurückwirft) und somit reduziert (Abb. 17). Dies hat zur Folge, dass in der Erdatmosphäre weniger Radiokarbon (^{14}C) produziert wird, welches die Biomasse aufnehmen kann. Es ist wichtig dieses Phänomen vor Augen zu haben, um den Einfluss der Sonnenaktivität auf die Erde zu verstehen, denn je strahlungsaktiver die Sonne ist, desto geringer ist die ^{14}C-Bildung auf unserem Planet. Die Bestimmung des ^{14}C-Gehaltes in Bäumen hat sich am geeignetsten bewährt für wissenschaftliche Auswertungen. Stirbt ein Baum ab, auf natürliche Art oder durch Fällen, stoppt der Einbau von Radiokarbon in seinem Stamm. D.h. der ^{14}C-Gehalt wird eingefroren. Baumstammscheiben bergen aber noch eine weitere Information. Über die Wachstumsringe, die unterschiedliche Dicken aufweisen, kann je nach Wachstumsbedingungen am Standort des Baumes das Alter des gewachsenen Baumes bestimmt werden. Diese Altersbestimmung über die Baumringe nennt man Dendrochronologie (s. z.B. Abb. 32). Das maximal bestimmbare Alter für die **Dendrochronologie** liegt im Allgemeinen bei etwas über Zehntausend Jahren. Für bestimmten Regionen konnte diese Methode jedoch schon für Alter von bis zu 14.000 Jahren „geeicht" (ausgezählt) werden. Wie wir weiter unten sehen werden, ist die Altersbestimmung über Baumstammringe und die ^{14}C-Methode, als Hinweis für die Sonnenaktivität, einer der wichtigsten Schlüssel zum Entschlüsseln der Klimabedingungen der Vergangenheit auf der Erde. Es zeigt sich hier aber auch ein gewisses Dilemma, oder Komplizieren, der direkten Altersbestimmung über die ^{14}C-Radiokarbon-Methode, z.B. für archäologische Altersdatierungen. Diese müssen korrigiert werden wegen des Einflusses der Sonnenaktivität auf die Bildung von ^{14}C.

Neben den kurzen, ca. 11-jährigen und 22-jährigen Zyklen der Sonnenaktivität gibt es noch länger andauernde Zyklen der Sonnenaktivität. Diese sind der **Gleissberg-Zyklus** mit ca. **70-90 Jahren**, der **Suess-Zyklus** (auch **de Vries-Zyklus** genannt, nach dem niederländischen Biophysiker Hessel de Vries (1916–1959)) mit ca. **200-230**, der **Eddy-Zyklus** mit ca. **1.000 Jahren** (benannt nach dem Astronomen John Allen Eddy, 1931-2009, s. z.B. Abb. 18), und der **Hallstatt-Zyklus** mit ca. **2.000-2.300 Jahren** (s. auch USGS Fact Sheet FS-095-00). Es hat den Anschein, dass diesen längerfristigen Zyklen der Sonnenaktivität kurzfristige Hale-Zyklen (22 Jahre) zugrunde liegen, bzw. dass diese ein Vielfaches des Hale-Zyklus sind. Da es kontinuierlich zu Überlagerungen all dieser Sonnenzyklen kommt, ist die Auflösung der einzelnen Zyklen in den beobachteten, bzw. gemessenen „proxy"-Daten (z.B. ^{10}Be und ^{14}C) nicht immer einfach. Interessant für eine Prognose der zukünftigen Temperaturentwicklung auf der Erde ist in Abb. 18 die Projektion in die Zukunft (s. auch Abb. 34). Beide heliophysikalischen Zyklen, von ca. 230 und ca. 1.000 Jahre Dauer, erreichten an der vergangenen Jahrtausendwende ihre Maxima, wo sich diese auch noch überlagerten, d.h. ihr Einfluss auf die Temperaturentwicklung verstärkte. Dies erklärt, warum die Temperaturen gegen Ende des letzten Jahrhunderts anstiegen, und lässt ebenfalls den Schluss zu, dass die Erde in den nächsten Jahrhunderten allmählich in die nächste Kälteperiode abgleiten wird.

Abb. 18 (folgend): Einfluss solarer Zyklen (Eddy-Zyklus: von ca. 1000 Jahre Dauer, und Suess-Zyklus: von ca. 200-230 Jahre Dauer) auf die Temperaturentwicklung der letzten 3.200 Jahre; x-Achse: zunehmendes Alter von rechts (2000 AD) nach links (1200 BC) mit Nennung historisch bekannter Perioden wärmerer und kälterer Zeitabschnitte. Quelle: KOELLE (2015)

Abb. 18

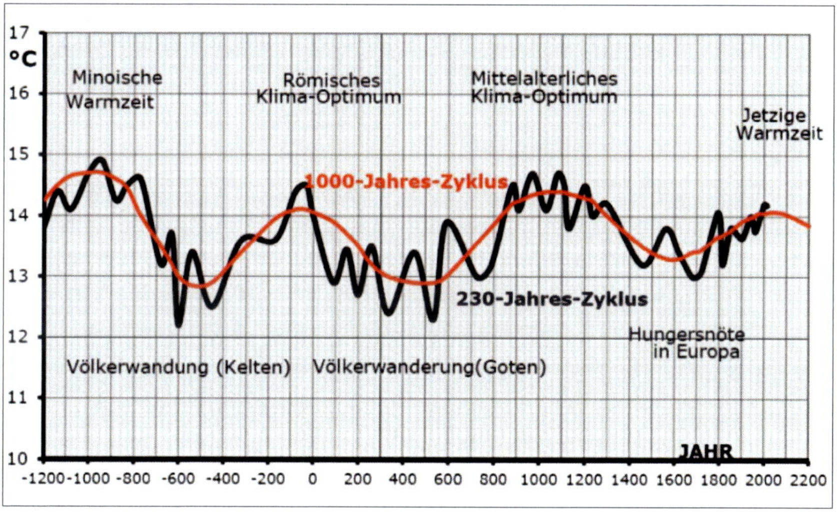

Ähnlich den wechselnden Baumstammringen, zeigen auch Sedimente, vor allem weniger gestörte Seesedimentablagerungen, wechselnde Jahreslagen (sogenannte Warven), die zur Altersbestimmung und Aussage über vergangene Klimabedingungen herangezogen werden können. Die Grundlage der **Warvenchronologie** besteht darin, dass z.B. Seesedimente jahreszeitlich unterschiedliche, meist deutlich kontrastreiche Lagen zeigen, durch unterschiedliche Verteilung von klastischem (Eintrag von Schlamm und Sanden), organischem (z.B. Eintrag von Blättern) und auch salzhaltigem (durch Verdunsten von Salzwasser) Material. Die Zusammensetzung und das Verhältnis der unterschiedlich Lagen können Aussagen machen zu den klimatischen Verhältnissen, wie z.B. Trockenzeiten, Regenzeiten, Stürme, Pflanzenwachstum, etc., während der Ablagerung dieser Sedimente. Meist besteht eine Jahreslage, zumindest in den mittleren Breiten mit den ausgeprägten 4 Jahreszeiten, aus einer helleren (sommerlichen) und einer dunkleren (winterlichen) Lage, deren Dicken ebenfalls variieren können. Dieser kurze Grundlagen-Exkurs ist notwendig, um die weiter unten diskutierten Ergebnisse bzgl. Klimaänderungen in der historischen und jüngeren geologischen Vergangenheit besser verstehen zu können.

Abb. 19 zeigt ein Beispiel zyklischer Sedimentationsentwicklung mit Hilfe von Aluminium-Konzentrationen (y-Achse) in Warven von Seesedimenten des Elk Lake (Minnesota, USA) über einen Zeitraum von rund 1.500 Jahre (vor 1984, x-Achse Abb. 19-A), sowie die Rekonstruktion, bzw. Auflösung von 400 Jahre (Abb. 19-B) und 84 Jahre andauernden Zyklen (Abb. 19-C, DEAN 2002). Die Aluminium-Gehalte sind an Minerale aus vulkanischen Gesteinen gebunden, die im Einzugsgebiet des Sees anstehen, und als Staub im Elk Lake zur Ablagerung kamen während Zeiten stärkeren Staubeintrages, bzw. längerer Trockenheit. Der hier gezeigte 400-jährige Zyklus könnte einem doppelten Suess-/de Fries- Zyklus (ca. 200-230 Jahre Dauer) entsprechen, was sich darin andeutet, dass zwei der 400-Maxima einen Doppelpeak, ähnlich einem Kamel aufweisen (Abb. 19-B). DEANs 84-jähriger Zyklus kommt dem Gleissberg-Zyklus (ca. 70-90 Jahre Dauer) nahe. KOELLE (2015) untersuchte die Temperaturentwicklung der letzten 3.000 Jahre basierend auf „proxy“-Daten und deren Abhängigkeit von Zyklen der Sonnenaktivität (Abb. 18). Er legt dabei den Schwerpunkt auf die Eddy-Zyklen mit ca. 1.000 Jahren Dauer und die Suess/de Fries-Zyklen mit ca. 200-230 Jahren Dauer. Letztere lassen sich auch in Abb. 19-B basierend auf der Arbeit von DEAN (2002) erkennen. Die zeitliche Auflösung von Überlagerungen der verschiedenen oben genannten Zyklen der Sonnenaktivität ist sehr komplex und wird auch beeinflusst von anderen Faktoren, wie stärkere Vulkanausbrüche, Rückkopplungen mit ozeanischen Oszillationen, etc.

Besonders eindrucksvolle Beispiele für den Einfluss der Sonnenfleckenaktivität auf das Temperaturgeschehen auf der Erde sind drei Perioden sehr geringer Sonnenaktivität. Im 15. Jahrhundert war es das **Spörer-Sonnenflecken-Minimum**, im 17. Jahrhundert das **Maunder-Minimum** und um 1800 das **Dalton-Minimum** (1790-1830), s. Abb. 20-22. In den Jahren von 1645-1715 des Maunder-Minimums konnten so gut wie keine Sonnenflecken beobachtet werden. In der Zeit zwischen 1645 und 1700 wurden nur ca. 50 Sonnflecken beobachtet, anstelle der in 55 Jahren normalerweise zu beobachteten mehreren Tausenden von Sonnenflecken (s. Abb. 20). Zusätzlich zu der geringeren Sonnenfleckenaktivität des Dalton Minimums (ca. 1790-1830) wirkte sich der Vulkanausbruch des Mount Tambora auf der Insel Sumbawa (Indonesien) sehr negativ auf die Atmosphärentemperaturen der Nordhalbkugel aus. Auch vor der „Kleinen Eiszeit" und während dem vorausgehenden **Wärme-Optimum des Mittelalters** (MWP) gab es Minima („Wolf" und Ort") der Sonnenaktivität (Abb. 20).

Die Entwicklung der Sonnenfleckenzahl der letzten 400 Jahre ist dokumentiert über direkte Beobachtungen von der Erde aus (Teilgrafik Abb. 20-C, rechte y-Achse). BREHM et al. (2021) gelang es über ^{14}C-„proxy"-Daten aus Baumring-Proben, die Sonnenaktivität der letzten 1.000 Jahre zu ermitteln (Abb. 20). Dabei stützten die Autoren sich auf absolute Altersbestimmungen per Dendrochrologie dieser Baumringproben. Wie auch in den Abb. 29 und 30 zu berücksichtigen sein wird, weisen erhöhte ^{14}C-Indexwerte auf einen erhöhten Einfluß der kosmischen Strahlung hin, die die Bildung dieses Isotops fördern, bzw. auf verminderte Sonnenaktivitäten, d.h. schwächere Sonnenwinde, verdeutlicht durch geringere Sonnenfleckenzahlen. Die bei geringerer Sonnenaktivität abgeschwächten Sonnenwinde werfen weniger kosmische Strahlung zurück ins Weltall, wodurch auf der Erde weniger Isoptope ^{14}C produziert werden, bzw. weniger ^{14}C von Lebewesen aufgenommen wird. Dieser gegenläufige Verlauf von Sonnenaktivität und Einfluß der kosmischen Strahlung wurde in Abb. 17 gezeigt. So sind in den Teilgrafiken 20-A und 20-B die ^{14}C-Indexwerte dargestellt und in 20-C und 20-D der gegenläufigen Verlauf der Sonnenaktivität, bzw. der Zahl der Sonnenflecken. Deutlich erkennbar sind vor allem die 11-jährigen Schwabe- und die 22-jährigen Hale-Zyklen. Es lassen sich aber auch die längerfristigen Sonnenfleckenzyklen erahnen.

Abb. 19 (folgend): Zeitliche Verteilung (19-A) der Aluminium-Konzentration (y-Achse) in Warven von Seesedimenten des Elk Lakes (Minnesota, USA) über 1.550 Jahre (vor 1984, x-Achse: zunehmendes Alter von links nach rechts) und Rekonstruktion der sich überlagernden 400- jährigen (19-B) und 84-jährigen (19-C) Zyklen (DEAN 2002). In Teilgraphik 19-A sind am obigen Rand als Balken die Perioden des Kleine-Eiszeit-Klima-Pessimums (LIA LIttle Ice Age) und des Mittelalterlichen Klimaoptimums (MWP Middle age Warm Period) eingezeichnet.

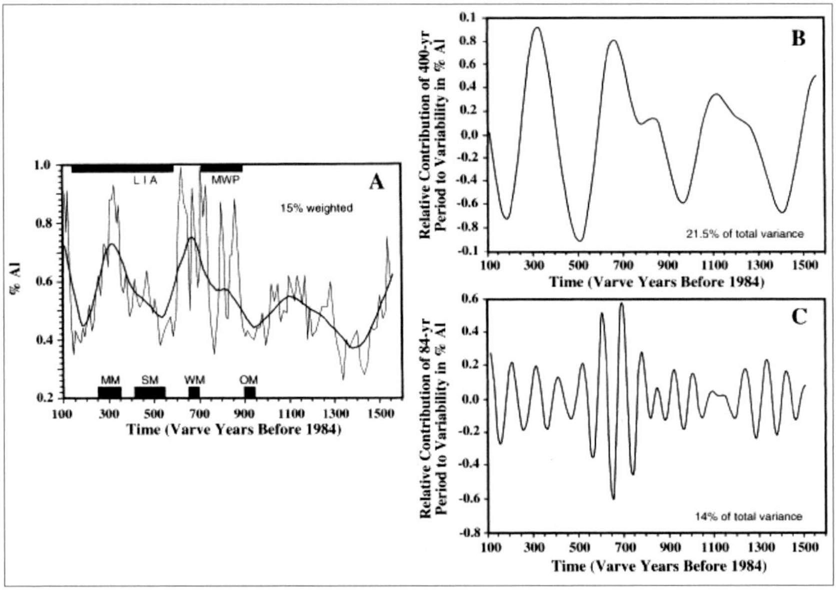

Abb. 19

Besondere Aufmerksamkeit fanden die auffällig hohen Werte der ^{14}C-„proxy"-Indexdaten der Jahre 993, 1052 und 1279 (s. Abb. 20-A), die auf ausgewöhnlich starke Sonneneruptionen zurückgeführt werden. Diese wurden begleitet von sehr intensiven Protonenschauern und **geomagnetischen Stürmen**, die in der heutigen modernen Welt unsere hochempfindlichen elektrischen Systeme, vor allem Satelliten und Infrastrukturen der Stromversorgung, erheblich stören würden. Dies geschah zum Beispiel schon 1859, als während des sogenannten Carrington-Ereignisses (benannt nach dem englischen Astronomen Richard Christopher Carrington, der den damaligen magnetischen Sturm beobachte) in den nördlichen Breiten Nordamerikas und Europas so hohe Spannungen in die Telegrafenleitungen induziert wurden, dass in den Telegrafenempfängern die Papierstreifen anfingen zu brennen. Die damit verbundenen extremen Polarlichter konnten fast bis zum Äquator beobachtet werden. 1989 führte ein solarer geomagnetischer Sturm zum Kolabieren („blackout") der hydroelektrischen Stromleitungsinfrastruktur in der Region Quebec (Kanada), wie auch 2012 mit regionalen „blackouts" in den USA und Indien.

Abb. 20 (folgend): Über ^{14}C-„proxy"-Indexdaten rekonstruierte (inverse) Sonnenaktivität der letzten 1.000 Jahre (x-Achse oben: Jahre vor 1950, bzw. nach 1950 (-50), x-Achse unten: Jahre AD, „anno domini"); 20-A: mit 2σ Fehlerbalken, 20-B: normalisierte Daten, 20-C: modulierte Daten der Sonnenenergie mit Nennung deutlicher Sonnenflecken-Minima; ab 1700 sind hier auch die Sonnenfleckenzyklen eingezeichnet (in Schwarz), 20-D: wie 20-C, jedoch geglättet durch einen 20-Jahre-Filter und Nennung der historischen Temperaturanomalien des Optimums des Mittelalters (MWP, **roter** Pfeil) und der „Kleinen Eiszeit" (LIA, **blauer** Pfeil). Quelle: BREHM et al. 2021.

Abb. 20

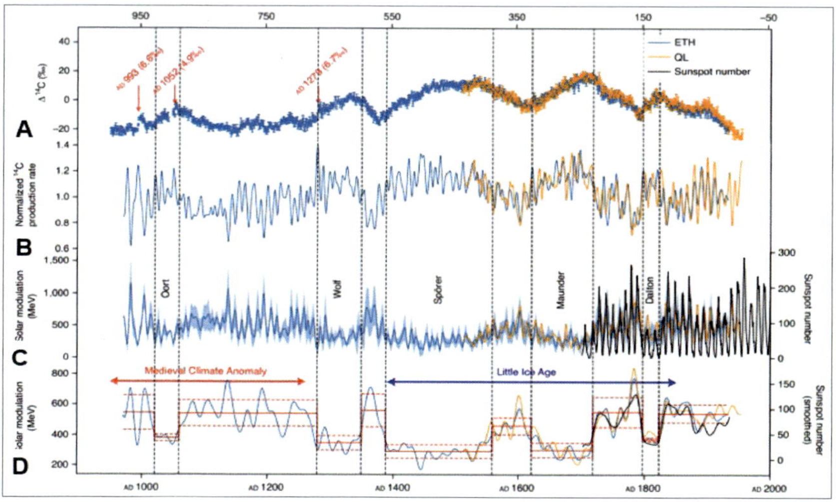

Alle drei Zeitabschnitte, das Spörer-, das Maunder- und das Dalton-Temperaturminimum, fallen in die sogenannte „**Kleine Eiszeit**“ des ausgehenden Mittelalters (ca. 1500-1850, u.a. SIROCKO 2012, s. auch Abb. 44). Wie wir wissen, prägten Missernten, Unterernährung und Seuchen, wie die Pest, diese Zeit. Abb. 20 ist auch noch unter einem anderen Aspekt interessant. Sie zeigt eindeutig, dass die Anzahl der Sonnenflecken deutlich ansteigt nach 1800, nach Ende der „Kleinen Eiszeit“, d.h. seit gut 200 Jahren. Verwundert es dann, dass die Temperaturen der Erdatmosphäre ebenfalls ansteigen seit der „Kleinen Eiszeit“? Und ist es eigentlich überhaupt wissenschaftlich korrekt, die Temperaturentwicklung nur ab dem immer zitierten „Beginn der Temperaturaufzeichnung“ seit 1850 zu betrachten? Wie sah die Temperaturentwicklung eigentlich vor der „Kleinen Eiszeit“ aus?

Abb. 21 zeigt die berechneten Abweichungen (im Vergleich zum Jahre 1986) der gesamten Sonneneinstrahlung (TSI – Total Solar Irradiance) der letzten 9.000 Jahre mit 1σ- Ungenauigkeiten in Grau hinterlegt. Grundlage hierfür sind ^{10}Be Isotopenkonzentrationen (als „proxies“) aus Eiskernen (STEINHILBER et al. 2009). Eingezeichnet sind verschiedene historische Perioden wärmerer und kälterer Zeitabschnitte, auf die im nächsten Kapitel ausführlicher eingegangen wird. Es ist auffällig, dass historisch dokumentierte Zeiten tieferer Temperaturen (Abb. 22), wie die **Völkerwanderungszeit** (MCP: Migration Cold Period) und die spätmittelalterliche „**Kleine Eiszeit**“ (LIA: Little Ice Age) zusammenfallen mit Perioden geringer Sonnenaktivität, bzw. Zeiten erhöhter Temperaturen, wie die Blütezeit des **Römischen Reiches** (RWP: Roman Warm Period) und das **mittelalterliche Wärme-Optimum** (MWP: Middle age Warm Period), zusammenfallen mit Perioden erhöhter Sonnenenergie. In Abb. 22 ist deutlich zu erkennen, dass zwischen dem Völkerwanderungs-Kälte-Pessima (MCP) und der „Kleinen Eiszeit“ (LIA) 1.000 Jahre liegen, wie auch zwischen dem Wärme-Optimum der Römerzeit (RWP) und dem des Mittelalters (MWP). Und 1.000 Jahre nach dem Wärme-Optimum des Mittelalters haben wir ein erneutes Wärme-Optimum, nämlich das in dem wir gerade in der Gegenwart leben. Wir erinnern uns, dass ein Zeitraum von rund 1.000 Jahre dem Eddy-Zyklus der Sonnenaktivität entspricht.

Abb. 21 (folgend): Darstellung der berechneten Abweichungen der gesamten Sonneneinstrahlung (TSI – Total Solar Irradiance; im Vergleich zum Jahre 1986) der letzten 9.000 Jahre mit 1σ- Ungenauigkeit in Grau; aus STEINHILBER et al. (2009). Eingezeichnet sind verschiedene historische Perioden wärmerer und kälterer Temperaturabschnitte.

Abb. 21

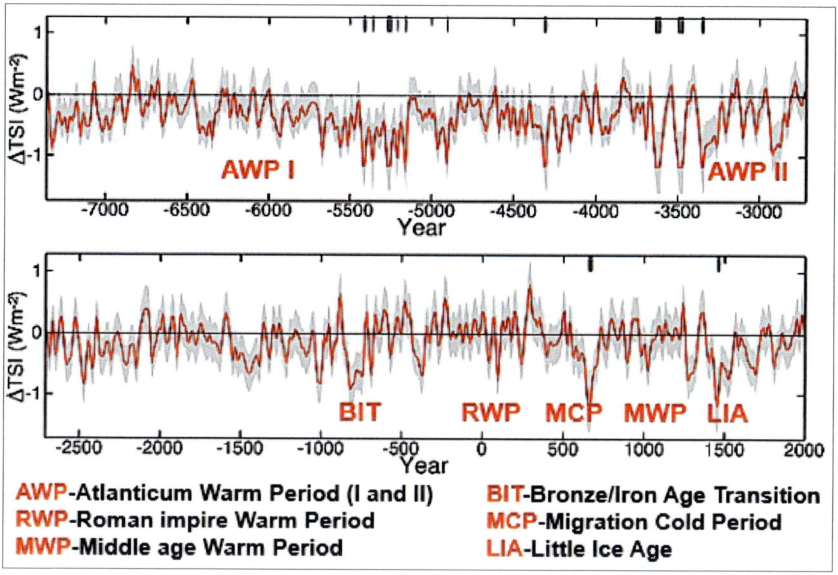

Es stellt sich nun die Frage, wie haben sich Sonnenaktivität und Temperatur seit Beginn des neuen Milleniums entwickelt? Abb. 18 wagt einen Blick in die nächsten 200 Jahre, die gekennzeichnet sind von dem Überschreiten der sich überlagernden gegenwärtigen Maxima eines ca. 230- und eines rund 1.000-jährigen Sonnenzykluses. Dies bedeutet, dass es in den nächsten Hunderten von Jahren wieder deutlich kälter werden kann (s. auch Abb. 34). Zwischen 2008 und 2010 gab es ein Sonnenfleckenminimum, begleitet von starken Kälteeinbrüchen auf der Nordhalbkugel der Erde, wie auch vorher am Jahreswechsel im Winter 1978/79 mit der bekannten Schneekatastrophe in Norddeutschland (s. Abb. 67-A) und im „Schneechaoswinter" 1999. Nachrichtenmedien folgend, war der Januar 2020 in Zentraleuropa der „wärmste Januar seit Menschengedenken". Die Kälte kam dann aber umso stärker zum Winterende/Frühlingsbeginn, als es den kalten Nordatlantik- und Sibirien- Kaltwetterausläufern viel zu spät gelang, sich gegen die wärmeren Azoren- Warmwetterfronten durchzusetzen. In weiten Teilen Südosteuropas war es jedoch wieder deutlich kälter Anfang des Jahres 2020 als in Zentraleuropa. Allerdings war der Kälteeinbruch dort nicht ganz so stark, wie während der Kältewelle im Januar/Februar 2012, der für langanhaltende tiefe Fröste und darüber hinaus für schwere Schneefälle im Mittelmeer- und Schwarzmeerraum sorgte. Auch Anfang Februar 2021 kam es in Nord- und Mitteldeutschland zu einem mehrtägigen Schneechaos mit Temperaturen von fast -30°C. In den USA brachte der Wintersturm „Uri" (Abb. 67-B) Mitte Februar 2021 Temperaturen bis an die -40°C und Schnee bis nach Texas. Die große Dürreperiode in Deutschland im Jahre 2018 kann auch zurückgeführt werden auf das mehrjährige Minimum der Sonnenfleckenaktivitäten im Übergang vom Sonnenfleckenzyklus 24 zum neuen Sonnenfleckenzyklus 25 (s. Abb. 23). Zu befürchten ist, dass es zu Beginn der 2030er Jahre ebenfalls wieder zu großer Trockenheit kommen wird, neben kräftigen Wintereinbrüchen, wenn der Sonnenfleckenzyklus 25, der gerade begonnen hat, zu Ende geht.

Abb. 22 (folgend): Rekonstruierte Temperaturentwicklung der nördlichen Hemisphäre der letzten beiden Millenniums (0-2000 AD), dargestellt durch Temperaturabweichungen von der mittleren Temperatur der Jahre 1961-1990 (LJUNGQVIST 2010).

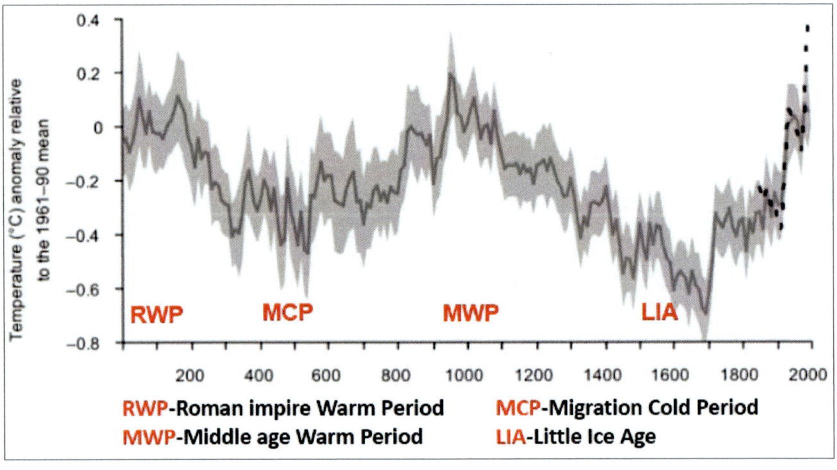

Abb. 22

Vergleicht man in Abb. 23 die Sonnenaktivität, als Anzahl der Sonnenflecken (rechte y-Achse) der letzten 4 Sonnenfleckenzyklen (Nr. 21 bis 24, seit 1978) mit der durchschnittlichen globalen Oberflächenwassertemperaturabweichung der Ozeane (gemessen von Satelliten), bzw. dem 37-Monate-Mittelwert, fällt auf, dass die Ozeantemperaturen seit 1978 weiter gestiegen sind, jedoch mit einer kurzfristigen **Pause des Temperaturanstiegs zwischen 2003 und 2014** (s. auch weiter unten Abb. 36 und 37 bzgl. „stagnierender" Lufttemperaturen in diesem Zeitraum). Gleichzeitig erkennt man aber auch, dass die Sonnenfleckenaktivität in diesem Zeitraum deutlich abgenommen hat. D.h. die Sonnenwinde wurden schwächer, die kosmische Strahlung konnte stärker die Erdatmosphäre erreichen und es kam zu mehr Wolkenbildung über den Ozeanen. Warum steigt dann aber die mittlere Wassertemperatur der Ozeane in diesem Zeitraum noch an? Sind solche Ungereimtheiten zunächst bei kurzperiodischen Temperaturbetrachtungen vielleicht zurückzuführen auf Verzögerungseffekte länger andauernden und komplexen Vorgänge in und zwischen den Ozeanen, der Troposphäre und der Stratosphäre? Nicht zu vergessen darf man, dass die Änderungen der Sonnenaktivität ein Summenspiel mehrerer unterschiedlich langer heliophysikalischer Zyklen ist, wie oben beschrieben. Dies ist auch in Abb. 18 dargestellt. Demzufolge haben sich die beiden überlagernden längerfristigen Zyklen (von ca. 1.000 und ca. 200-230 Jahren Dauer) gerade ihren „Zenit" überschritten, was bedeutet, dass sich die Sonnenaktivität in den nächsten Dekaden deutlich abschwächen wird, was mit Perioden niedrigeren Temperaturen verbunden sein wird.

Abb. 23 (folgend): Entwicklung der Sonnenaktivität, als Anzahl der Sonnenflecken (rechte y-Achse) der letzten 4 Sonnenfleckenzyklen (seit 1978) und der durchschnittlichen globalen Oberflächenwassertemperaturanomalie der Ozeane (gemessen von Satelliten) mit 37- Monate-Mittelwert (**blaue** Linie). Auch bei dem noch anhaltenden mittelfristigen Trend ansteigender Temperaturen, erkennt man wiederholt kurzzeitige Perioden mit Temperatureinbrüchen, die meist mit den Minima der Sonnenflecken zusammenfallen, wie auch einen deutlichen Stillstand des Temperaturanstiegs zwischen den Jahren 2003 und 2014. Quelle: https://climate4you.com/Sun.htm

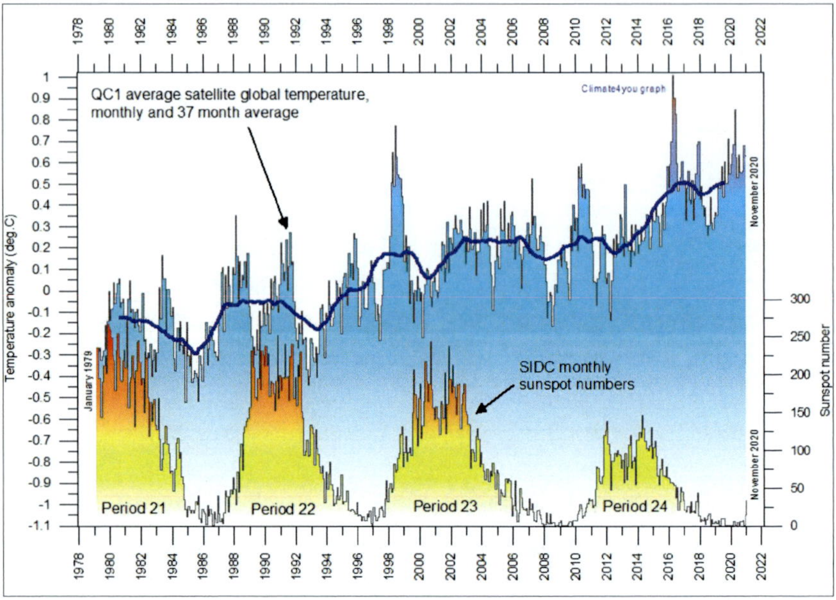
QC1 average satellite global temperature,
monthly and 37 month average
Climate4you graph
SIDC monthly
sunspot numbers
Period 21
Period 22
Period 23
Period 24
Temperature anomaly (deg.C)
Sunspot number
January 1979
November 2020
November 2020

Abb. 23

5: Der blaue Planet – ohne Ozeane wäre vieles anders

Unser blauer Planet Erde (Abb. 24) hat eine Oberfläche von ungefähr 510 Millionen km², wovon heute zirka **70,7 %** (s. auch Abb. 66), d.h. rund 361 Millionen km², die Ozeane einnehmen, wobei das gesamte Wasservolumen der Erde auf 1,4 Milliarden km³ geschätzt wird. Der Gehalt an Wasserdampf in der Luft beträgt im Mittel 0,4 Volumen-% und ist damit 10-mal höher als der des Spurengases CO_2. Die spezifische Wärmespeicherkapazität von Wasser ist sehr hoch (ca. 4.190 Joule/(kg·Kelvin)), wie auch seine Wärmeleitfähigkeit (0,56 Watt/(Meter·Kelvin)) und deutlich höher als die von Luft (Wärmespeicherkapazität: 1.000 Joule/(kg·Kelvin)), Wärmeleitfähigkeit: 0,026 Watt/(Meter·Kelvin)). Das gewaltige Wasservolumen der Ozeane macht diese zu den größten **Wärmespeichern** der Erde – außer dem Erdinneren, das aber für diese Betrachtung der Klimawandel keinen direkten Einfluss hat, ausgenommen regionale geothermale und vulkanische Aktivitäten. Deshalb spielen die Ozeane eine große, wenn nicht die größte Rolle bei der Entwicklung des Wärmehaushaltes an der Erdoberfläche. Gerade in den letzten drei Jahrzehnten hat die ozeanographische und meteorologische Forschung viel erreicht zum Verstehen der Bedeutung der Weltmeere für die Wetter- und Klimaentwicklung. Im vorigen Kapitel wurde auf die „top down"-Effekte eingegangen. Im Zusammenhang mit den Ozeanischen Oszillationen sind aber auch „**bottom-up**"-Rückkoppelungseffekte von Bedeutung für die Wetter- und Klimaentwicklung, vor allem im Bereich der Tropen, wo die Wolkenbildung über den Ozeanen die Entwicklung von Meeresströmungen und Meereswinden, höherer Oberflächenwassertemperaturen, und weiterer Parameter diese Effekte besonders stark beeinflussen, und letztlich auch Auswirkungen haben auf die Ozeanbereiche der höheren geographischen Breiten.

Abb. 24 (folgend): Aufnahme des Blauen Planeten Erde von Harrison H. Schmitt während der Apollo- 17 Mission im Jahre 1972 (Foto Nr. 72-HC-928 NASA). Nur die Wolken trüben unseren Blick auf die Erde, deren Oberfläche zu fast 71 % aus Wasser besteht.

Abb. 24

Die Abhängigkeiten und Interaktionen des Systems Sonne-Ozeane-Erdatmosphäre sind sehr komplex, und wir müssen lernen, diese erst noch vollständig zu verstehen. Hier sei nur kurz eingegangen auf die sogenannte **Nordatlantische Oszillation (NAO)**, als Teil der **Arktischen Oszillation (AO)**, die für die Wetterentwicklung in unseren Breiten (Zentraleuropa) wesentlich verantwortlich ist und den Luftdruckgegensatz zwischen den Azoren (mit wärmerer Luft) im Süden und Island (mit kälterer Luft) im Norden beschreibt. Die NAO ist z.B. verantwortlich für die starken Gegensätze von milden Wintern mit reichlichen Niederschlägen in Zentraleuropa und relativ kalten und trockenen Winter im Mittelmeerraum. Auffällig am Ende der 2010er Jahre waren wiederkehrende Kälteinseln zur Winterzeit im nordatlantischen Ozean südöstlich von Grönland mit ungewohnten kalten Luft- und Meeresoberflächentemperaturen, die im Kontrast stehen zu entgegengesetzten Tendenzen in anderen Regionen der Erde. Dies führte auch wieder zum **Anwachsen des Gletschereises** auf Grönland, wie z.B. im Falle des Jakobshavn-Gletschers, Grönlands größter Gletscher, der seit 2016 wieder wächst. Zurückgeführt wird diese Entwicklung auf den Einfluss der Nordatlantischen Oszillation (NAO), deren Index gegenwärtig wieder abnimmt (Abb. 25).

Ungewohnter Weise kam es auch Anfang 2021 zu einem extremen Wintereinbruch auch auf der spanischen Halbinsel und in Zentraleuropa, was zurückgeführt wurde auf plötzliche Erwärmung der Stratosphäre über dem Nordpol (von den normalen -80°C auf über -30°C), das eine Umkehr der in ca. 30 km Höhe kreisförmig im Gegenuhrzeigersinn drehenden Polarwirbel über der Arktis zur Folge hatte. Anstelle in der gewohnten West-Ost-Richtung, drehten die Polarwirbel nun von Ost nach West. Dies hatte Auswirkungen auf die darunterliegende Troposphäre, speziell auf den Jetstream, der ja ganzjährig auf der Nordhalbkugel von West nach Ost um die Arktis weht, und der durch die nun gegenläufigen Polarwinde abgeschwächt wurde. Dies wiederum erlaubte kalten Luftmassen aus der Arktis tief nach Süden vorzudringen. Ähnliches ereignete sich auch im Winter 2018, als stürmische Winde Kälte und Schnee (genannt „beast of the east") zu den Britischen Inseln brachte. Diese recht aktuellen Beispiele extremer Wetterlagen sollen eigentlich nur zeigen, wie komplex und intensiv die Interaktionen zwischen Stratosphäre, Troposphäre und Ozean sind.

Abb. 25 (folgend): Entwicklung des Nordatlantik-Oszillations-Indexes (im Winter) der letzten 150 Jahre nach PHILLIPS (2020; https://climatedataguide.ucar.edu/climate-data/hurrell-north-atlantic-oscillation-nao-index-station-based). Die **roten** Balken verdeutlichen positive, die **blauen** Balken negative NA-Indexwerte.

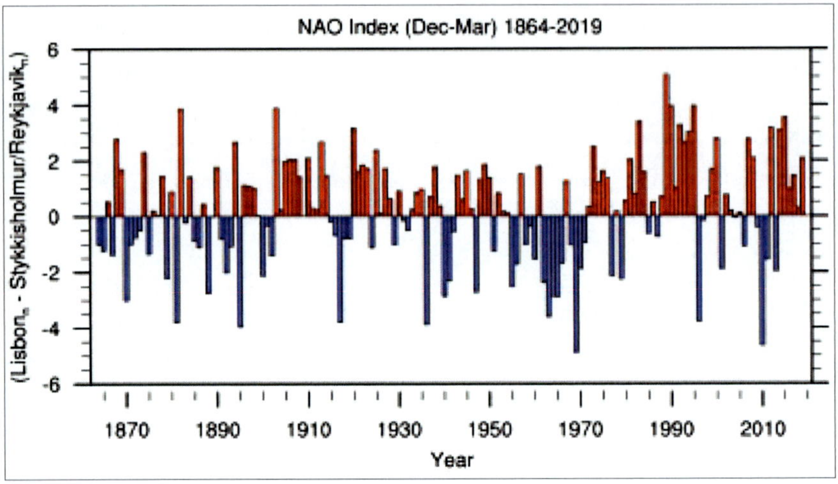

Abb. 25

Die sehr kalten Winter der 1960er Jahre fallen zusammen mit extrem negativen Index-Werten der Nordatlantik-Oszillation (Abb. 25). Die über Jahrzehnte anhaltenden Schwankungszyklen des NAO-Indexes, deuten hin auf Interaktionen der nordatlantischen Atmosphäre mit dem deutlich trägeren nordatlantischen Ozean, wie auch mit der Stratosphäre. Die erneute Abschwächung der NAO seit Mitte der 90er Jahre des 20. Jahrhunderts, in Verbindung mit einem Stillstand der Erwärmung, zumindest regional, zwischen 1998 und 2015 (s. Abb. 36 und 37 und DEUTSCHER WETTERDIENST 2008, VAHRENHOLT & LÜNING 2020), lässt ebenfalls großen Zweifel aufkommen, dass das Spurengas CO_2 in so geringen Konzentrationen von nur einigen Hunderten ppm an der aktuell diskutierten globalen Erwärmung beteiligt ist.

Die **Atlantischen Multidekaden-Oszillationen (AMO)** basieren auf länger anhaltenden zyklischen Veränderungen der Strömungsverhältnisse im Atlantik und beeinflussen die oberflächennahen Wassertemperaturen, die wiederum Auswirkungen haben auf die Temperaturen der Atmosphäre. Man spricht von einer positiven AMO-Phase mit positiven AMO-Indexwerten, wenn vermehrt warme Wassermassen aus den Tropen nach Norden fließen. Dies führt auch zu einem vermehrten Schmelzen der Eismassen auf der Nordhalbkugel. Negative AMO-Phasen, bzw. negative AMO-Indexwerte, beruhen auf Situationen, wenn die warmen Wassermassen der Tropen langsamer nach Norden fließen. Typische Auswirkungen einer negativen Atlantischen Multideckaden-Oszillation sind niedrigere Temperaturen in Nordamerika und Nordeuropa verbunden mit geringeren Niederschlägen über Südeuropa, Nordafrika und der Ostküste Nordamerikas. Auch in den arktischen Meeresgebieten nimmt dann die Vereisung wieder zu, z.B. nach einer positiven AMO-Phase, während der vermehrt Randgebiete des arktischen Eismeeres eisfrei werden. Dies war die Situation in den vergangenen Jahrzehnten während der aktuellen positiven Atlantischen Multideckaden-Oszillation-Phase, die sich jedoch seit der Jahrtausendwende zusehends abschwächt.

Die Existenz der ozeanischen Oszillationen kann inzwischen schon einige Jahrhunderte zurückverfolgt werden. Bei der Diskussion der zeitlichen Länge der unterschiedlichen „Multidekaden" (z.B. NAGY et al. 2017, SEIP et al. 2019) zeigt sich die Komplexität der zusammenspielenden Einflüsse von variierender Sonnenaktivität, Interaktionen der Ozeane und der Atmosphäre. Es werden immer mehr Hinweise gefunden, dass die ozeanischen Oszillationen kurz- und mittelfristigen Zyklen der Sonnenaktivität folgen, wie z.B. dem ca. 11 Jahre andauernden Schwabezyklus, bzw. Vielfachen davon, wie der ca. 22 Jahre anhaltende Halle-Zyklus, oder Zyklen von ca. 45 Jahren Dauer, was einem doppelten Halle-Zyklus entsprechen könnte, und überlagert von dem ca. 70-90 Jahren währenden Gleissberg-Zyklus. Auch die längerfristigen Sonnenaktivitätszyklen von ca. 200-230 und 1.000 Jahren Dauer haben Einfluss auf die ozeanischen Zyklen (s. auch zum Vergleich Abb. 18). Es ist zu hoffen, dass durch zukünftige Forschungen zur **Zyklizität der Sonnenaktivität** und deren Einfluss auf die Erde die aktuellen Modelle verfeinern werden.

Ein ganz besonderes Phänomen des Einflusses der Ozeane auf die Temperatur- und Klimaentwicklung ist der **Golfstrom**, der uns in Mitteleuropa fast das ganze Jahr privilegierte Wohlfühltemperaturen beschert. Aufgrund der Erdrotation, die Erde dreht im Gegenuhrzeigersinn vom Nordpol aus betrachtet nach Osten, wo die Sonne früher aufgeht, herrschen auf beiden Halbkugeln der Erde Westwinde vor. Die Wolken, die über dem Pazifik entstehen wehen nach Osten, wo sie die hohen Bergketten der Rocky Mountains (Nordamerika) und der Anden (Südamerika) erreichen. An diesen natürlichen, bis über 6.000 m hohen natürlichen Nord-Süd verlaufenden Hindernissen müssen die mit Wasserdampf beladenen Luftmassen aus dem Pazifik aufsteigen und geraten so in höhere und kältere Gefilde. Die kältere Höhenluft kann weniger Wasserdampf halten, da der sogenannte Taupunkt erreicht wird und die Wolken beginnen sich abzuregnen bzw. es fängt an zu schneien. Der Taupunkt, auch Kondensationspunkt genannt, ist die Temperatur, ab der die Luft an Wasserdampf gesättigt ist und es zur Bildung von feinsten Wasser-Tröpfchen, z.B. Tau, Nebel, bis hin zu Regen kommt. Man nennt dies Steigungsregen, wie er auch in Europa über den Mittelgebirgen entsteht. Dies hat zur Folge, dass die nach Osten ziehenden Regenwolken des Pazifiks den Atlantik, bzw. Europa kaum erreichen. Der über dem Pazifik gebildete Wasserdampf fließt schließlich über die Flusssysteme der westamerikanischen Gebirgsketten wieder in den Pazifik zurück. Anders jedoch die Situation des Atlantiks, dessen feuchte Luftmassen ungehindert nach Osten bis in den Pazifikraum transportiert werden können.

Dies führt dazu, dass der Wasserspiegel des Pazifiks geringfügig höher ist als der des Atlantiks und die thermohalinen Meeresströmungen vom Pazifik in den Atlantik unterstützen kann. Das von der Sonne erwärmte Oberflächenwasser des Pazifiks strömt südlich des Kaps der Guten Hoffnung in Südafrika zurück in den Atlantik, wird vor der Küste Südamerikas nach Norden geleitet und dann an der Ostküste der USA, im Golf von Mexiko, in Richtung Island und Europa abgelenkt. So erhalten wir in Mittel- und Nordeuropa deutlich wärmeres Meereswasser (des Golfstromes), und somit auch mehrere Grad Celsius höhere Lufttemperaturen, als Gebiete gleicher geographischer Höhe im Bereich des Pazifiks (z.B. Ostrussland, westliches Nordamerika). Unterschiedliche Höhen des Meeresspiegels der Weltmeere werden auch verursacht durch die periodischen Gezeiten und Unterschiede der Gravitation (bzw. Dichte) des Untergrundes der Weltmeere. Vor allem aber unterschiedliche Wasserdichten, aufgrund unterschiedlicher Wassertemperaturen und Salzgehalte, halten die Wassermengen der Weltmeere in Bewegung, wie auch die durch unterschiedliche Oberflächenwasser- und Lufttemperaturen entstehenden Ozeanwinde.

Abb. 26 (folgend): Prinzip der Hauptozeanströme des „Great Ocean Conveyor Belt" aus BROECKER (1987 und 1991) gemäß einer Grafik von Joe LeMonnier. Dargestellt sind die wärmeren (**roten**) Oberflächenströme vom Pazifik (im Osten) in den Nordatlantik (im Westen) und die kälteren (**blauen**) Tiefenströme vom Nordatlantik (im Westen), nach genügender Abkühlung des Golfstromes im Bereich zwischen Grönland, Island und Norwegen, zurück zum Pazifik (im Osten).

Abb. 26

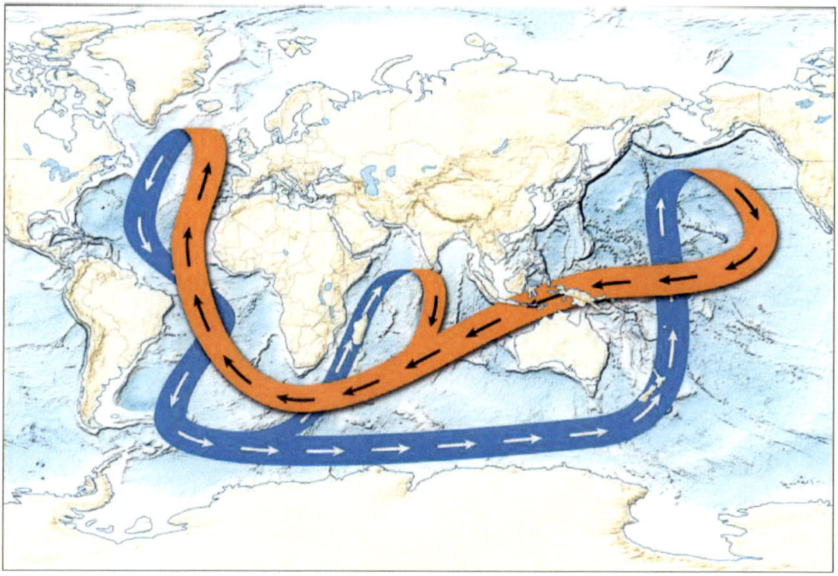

Die Sonne ist letztendlich der Antrieb der Oberflächenwinde über den Ozeanen. Die einstrahlende Sonnenwärme lässt über Temperaturunterschiede Winde entstehen, die konstant über die Ozeane wehen und Wellen erzeugen. Die Wellen wiederum treiben das Meerwasser vor sich her und lassen oberflächennahe Meeresströmungen entstehen. Die Wassermassen des Golfstroms kühlen sich im Bereich zwischen Grönland, Island und Norwegen unter 0°C ab, erreichen damit eine deutlich höhere Dichte und sinken dadurch in große Tiefen ab. Abb. 26 zeigt vereinfacht die globalen

Strömungsverläufe der warmen (leichteren) Oberflächen- und der kühleren (schwereren) Tiefenwasser der Weltmeere (BROECKER 1987 und 1991). Anhand dieser Grafik kann man erahnen, dass die Temperaturentwicklungen in den verschiedenen Ozeanen gegenseitige Rückkoppelungseffekte haben. So hat auch die **Pazifische Dekaden-Oszillation (PDO)** letztlich Einfluss auf das Wetter- und Klimageschehen im Atlantik. VAHRENHOLT & LÜNING (2020) beschreiben diese periodischen ozeanischen Oszillationen sehr übersichtlich.

Abb. 27 (folgend): Schwankungen des multivarianten El-Niño-Südliche-Oszillations-(ENSO)-Indexes der letzten 40 Jahre. Positive Abweichungen (Erwärmung, El-Niño-Effekt) sind in **Rot** dargestellt, negative Abweichungen (Abkühlung, La-Niña-Effekt) in **Blau**.

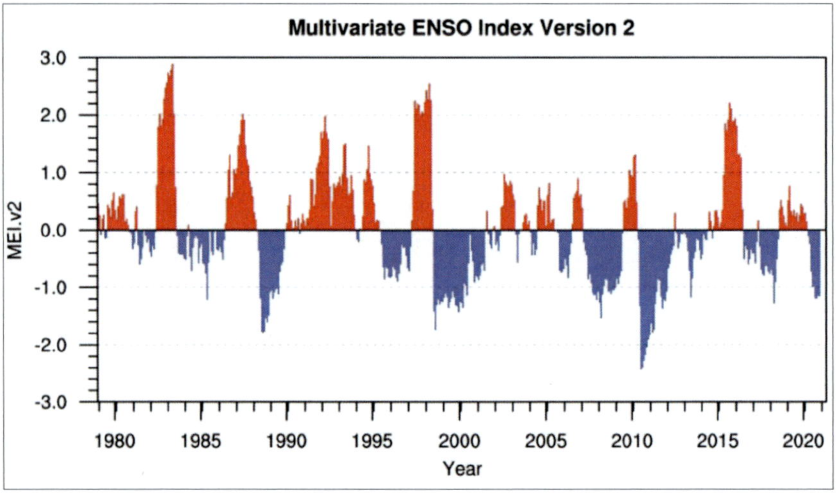

Abb. 27

In den Medien wird oft über den Zusammenhang zwischen dem El-Niño-Phänomen und dem globalen Wetter- und Klimageschehen berichtet. Was hat es damit auf sich? Wie die anderen oben genannten ozeanischen Oszillationen sind auch die El-Niño-Phänomene Teil von natürlichen, sich zyklisch wiederholenden Wetteranomalien. Die sogenannte **El-Niño-Süd-Oszillation (ENSO)** tritt im tropischen Südpazifik auf und beruht auf komplexen Interaktionen zwischen Sonnenstrahlung, Wassermassen des Pazifiks und Atmosphäre. Ausgehend von einem fünfmonatigen Mittelwert der Meeresoberflächentemperaturanomalien, der mindestens während sechs aufeinanderfolgenden Monaten per Definition größer als 0,5°C sein muss, also infolge einer Erwärmung, spricht man vom El-Niño-Effekt, bzw. bei entsprechender Abkühlung vom La-Niña-Effekt. Beide Effekte haben Auswirkungen auf die Fischerei (z.B. auf den Zug von Fischschwärmen) und die Landwirtschaft (über den Niederschlag, bzw. Perioden anhaltender Trockenheit). Ähnliche, letztlich volkswirtschaftliche Auswirkungen, haben auch positive (allgemein wärmere) und negative (allgemein kältere) Trends der anderen ozeanischen Oszillationen, wie zum Beispiel die der Nordatlantischen Oszillation NAO auf das europäische und das nordostamerikanische Festland. Wobei „negativ" oder „positiv" der Phasen sich rein mathematisch auf das Vorzeichen der multivarianten Indices bezieht, in die Parameter wie Meeresoberflächentemperatur, Meeresoberflächenwinde und - drücke, und verschiedene Strahlungswerte einfließen. Um längere Zeitreihen betrachten und bewerten zu können, ähnlich wie bei den anderen ozeanischen Oszillationen, wurde auch für die El-Niño-/La-Niña-Phänomene ein sogenannter **El-Niño-Südliche-Oszillations-(ENSO)**-Index eingeführt, dessen Entwicklung über die letzten 40 Jahre in Abb. 27 dargestellt ist. Mitnichten kann man hier eine dramatische Zunahme erkennen, weder in der Häufigkeit noch in der Intensität der El-Niño-Effekte. Dies steht im krassen Gegensatz zu Darstellungen durch die Medien, die regelmäßig von jedem stärkeren El-Niño-Effekt berichten und dies aufgeregt in Verbindung bringen mit der globalen „Klimaerwärmung". Es wundert deshalb auch nicht, dass hingegen nie über die ebenfalls periodisch auftretenden La-Niña-Effekte berichtet wird, die in Verbindung stehen mit kühleren Phasen im Südpazifischen Raum. Diese traten über die letzten 40 Jahre eher häufiger auf und wurden eher intensiver (Abb. 27).

Dieses Kapitel abschließend, sei noch ein kurzer Exkurs zu alljährlich wiederkehrenden Wetterphänomenen gestattet. Warum treten eigentlich regelmäßig mehr oder weniger zur gleichen Zeit die Kälteeinbrüche der **Eisheiligen** in Zentraleuropa Mitte Mai auf? Warum bügeln die aktuellen „extrem hohen" und postulierten erwärmend wirkenden CO_2-Gehalte der

Atmosphäre diese Kälteeinbrüche nicht aus? Ist das Klima- und Wettergeschehen vielleicht doch komplexer? In Mitteleuropa herrschen im Mai in der Regel schon relativ höhere Temperaturen (>20°C) über dem Festland. Der Nordatlantik jedoch ist noch deutlich kälter (<15°C). Durch diese Temperaturunterschiede können Tiefdruckgebiete entstehen, wobei kalte Luftströme aus den Polargebieten nach Süden strömen. In sternenklaren Nächten kann dann auch wieder Bodenfrost auftreten. Davor schützt auch keine postulierte schützend wärmende CO_2-Schicht, wie schon weiter oben ausgeführt – höchstens ein echtes Glashausdach. Die einzige zeitlich immer wiederkehrende klimarelevante Konstante Mitte Mai ist der Sonnenstand im Übergang, zwischen Tag-und-Nacht-Gleiche zu Frühlingsanfang um den 20. März, wenn die Sonne zur Mittagszeit senkrecht über dem Äquator steht (Breitengrad = 0°), und dem Sonnenhöchststand zu Sommerbeginn um den 20. Juni, wenn die Sonne zur Mittagszeit im Zenit (senkrecht) über dem nördlichen Wendekreis bei 23,4° nördlicher Breite steht. Gemäß der Zeitgleichung als Funktion der Sonnendeklination werden Mitte Mai schon rund 80% des maximalen Sonnenstandes erreicht. D.h., die Sonneneinstrahlung hat die Landmasse Zentraleuropas nun so stark erwärmt, während die Wassermassen des Nordatlantiks noch kalt genug sind, so dass es zu den oben genannten großen Temperaturunterschieden und Kälteeinbrüchen kommen kann.

Ist gibt keinen Zweifel mehr, dass das System Sonne-Ozeane-Atmosphäre unser Wetter- und Klimageschehen, und die damit verbundenen Temperaturänderungen bestimmt. Allerdings fehlt noch das vollständige Verständnis, wie die ozeanischen Oszillationen im Detail ausgesteuert werden, zu komplex sind die Effekte und Abhängigkeiten von Überlagerungen, Koppelungen, Wechselwirkungen und Verzögerungen der einzelnen Parameter. Eins wird dabei allerdings klar, die Abhängigkeit von dem Spurengas CO_2, dieses zudem mit einem sehr begrenzten Absorptionsvermögen, ist nicht des Rätsels Lösung.

6: Das Klima und wir – nicht wir und das Klima!

Während der letzten Kaltzeit, der sogenannten **Würm-Eiszeit** (auch Weichsel-Eiszeit genannt, Ende vor ca. 11.700 Jahren) konnten die Steinzeitmenschen Asiens trockenen Fußes Alaska erreichen und Amerika besiedeln, was nicht eine Besiedlung Brasiliens vor ca. 30.000 Jahren auch „out of Africa“ ausschließen soll. Gleichzeitig war England Teil des kontinentalen Europas (Abb. 48). Der Ärmelkanal existierte noch nicht, da der Wasserspiegel der Nordsee über 100 m tiefer lag als heute. Abb. 28 präsentiert die Temperaturverhältnisse während der Weichsel- bzw. Würm-Eiszeit, die ca. 100.000 Jahre andauerte. Warmzeiten, wie heute, sind immer nur relativ kurze Episoden von wenig mehr als zehntausend Jahre in der erdgeschichtlichen Entwicklung. D.h., die meiste Zeit der letzten Millionen von Jahren war es eher kalt als warm und die Kulturentwicklung des Menschen der letzten 10.000-12.000 Jahre konnte nur dank des Endes der letzten Eiszeit in Gang kommen. In Perioden der Kaltzeiten, bei Temperaturen, die im Mittel mehr als 5-6°C unter den heutigen lagen, musste der Steinzeitmensch, vor allem in unseren Breiten, permanent ums Überleben kämpfen und konnte sich hauptsächlich nur in den Niederungen und Flusstälern aufhalten, außerhalb der mit Schnee bedeckten Mittel- und Hochgebirge.

Abb. 28 (folgend): Temperaturverhältnisse während der letzten Eiszeit (Weichsel- bzw. Würm-Kaltzeit), die ca. 100.000 Jahre andauerte. Warmzeiten, wie heute („Holozän“), oder im „Eem“ (vor der letzten Eiszeit), sind immer nur relativ kurze Episoden von wenig mehr als zehntausend Jahren in der erdgeschichtlichen Entwicklung; aus BGR: Klimafakten (2004).

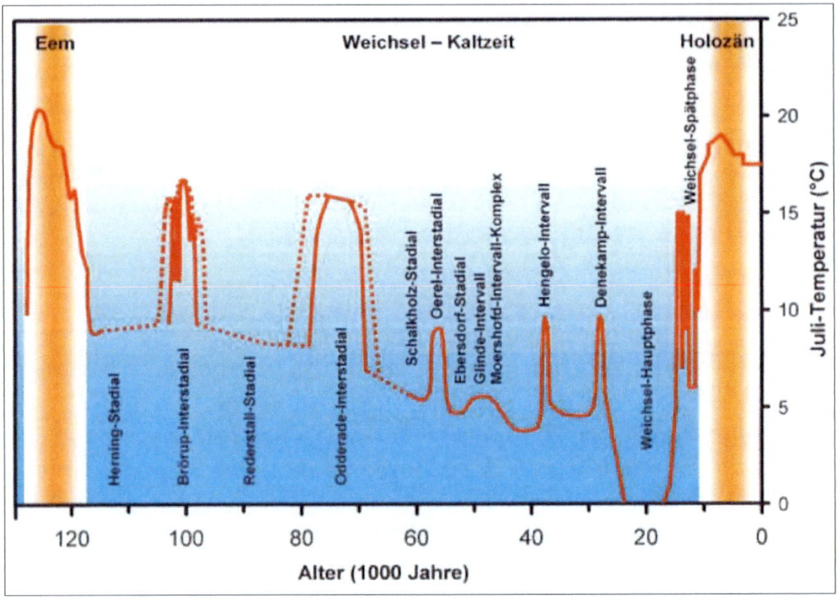

Abb. 28

Dies ist auch der Grund warum die meisten von den Steinzeitmenschen bewohnten Höhlen, heute bekannt durch deren beeindruckenden Höhlenmalereien und Artefakte, in Flusstälern liegen, wie z.B. Lascaux, Chauvet (Zentralfrankreich), Vogelherdhöhle, Hohlefels (Schwäbische Alb) und in Küstennähe (z.B. Altamira in Nordspanien, Cosquer in Südfrankreich). Während den Kältehauptphasen der zweiten Hälfte der Weichsel-Eiszeit, vor 60-30.000 Jahren (s. Abb. 28), zogen sich die europäischen Neandertal-Menschen in Richtung Süden der Iberischen Halbinsel zurück, wo die letzten ihrer Vertreter schließlich in der Region Gibraltars und Südportugals ausstarben.

Das Ende der letzten Eiszeit verlief jedoch nicht kontinuierlich bzgl. der Temperaturentwicklung, sondern ebenfalls sprunghaft, wie auch der gesamte Temperaturverlauf während der Eiszeit. Diese weist auch relativ kurze Intervalle der Erwärmung auf, wie z.B. vor ca. 100.000, 75.000, 55.000 und 38.000 Jahren (s. Abb. 28), die den in Kapitel 2 erwähnten MIS-Marine-Isotopen-Stadien 5c, 5a, 3c und 3a (Abb. 4) entsprechen, und während derer durchaus Temperaturen ähnlich denen der Gegenwart erreicht wurden, bei geringen „vorindustriellen“ CO_2-Konzentrationen in der Atmosphäre. Das Temperatur-Maximum der aktuellen Warmzeit, dem Holozän, haben wir jedoch schon hinter uns gelassen, da es vor rund 8.000-4.000 Jahren lag. Es handelt sich um das schon erwähnte „**Atlantikum**“, das 2 Warmphasen umfasst, während denen die heutigen Temperaturen erreicht, bzw. überschritten wurden (Abb. 6 und 47). Das Frühe Atlantikum (AT1) vor 8.000-6.000 Jahren war in seinem Temperaturoptimum ca. 2-3°C wärmer als heute. Das zweite, Späte Atlantikum (AT3) hatte sein Wärmemaximum vor 5.000-4.000 Jahren. Dazwischen lag das Mittlere Atlantikum, während dem es ca. 2°C kälter war als heute. Das Atlantikum-Wärmcoptimum bot die klimatischen Voraussetzungen für das Entstehen der ersten Hochkulturen in Mesopotamien (Zweistromland im 4. Jahrtausend BC), Ägypten (Pharaonen-Kultur im 3. Jahrtausend BC) und in Südamerika (Caral-Supe-Kultur in Peru im 3. Jahrtausend BC). Mit BC („before Christ“) werden die Jahre vor Christus Geburt, mit AD („anno domini“) die Jahre nach Christus Geburt bezeichnet.

Die nach dem „Atlantikum“ folgenden 4.000 Jahre (bis heute) zeugen ebenfalls von einem Auf und Ab der Temperaturen. Das **Minoische Klima-Optimum** erreichte sein Temperaturmaximum vor ca. 3.000 Jahren. In Mittelamerika entstanden zu dieser Zeit die ersten Hochkulturen der Olmeken und der Mayas. Die Expansion des Römischen Reiches nach Norden bis nach Britannien zu Beginn unserer Zeitrechnung wurde unterstützt von der Warmperiode des sogenannten **Römerzeit-Klima-Optimums** (von ca. 300 BC bis 400 AD, s. Abb. 29, 30 und 47), in dem das Römische Reich seine größte Ausdehnung erreichte, und auch in England Wein angebaut werden konnte. Man erinnere sich auch daran, dass der karthagische Feldherr Hannibal 218 BC sein Heer mit über 50 Elefanten in wenigen Tagen über die weniger verschneiten und vereisten Alpen nach Italien führen konnte. Das Zurückdrängen der Römer setzte ein mit Perioden niedrigeren Temperaturen, die u.a. die Völkerwanderungen (incl. Hunnen) in Richtung Westen/Südwesten auslöste (Abb. 29 und 30). Diese Periode wird auch **Klima-Pessimum der Völkerwanderung** genannt (ca. 400-700 AD). Es war auch 406 AD, als es den germanischen Stämmen (Vandalen, Sueben, Alanen u.a.) gelang, den vollkommen zugefrorenen Rhein bei Mainz zu überqueren um ihren Zug nach Gallien und Hispanien zu beginnen. Diese wenigen aber berühmten Beispiele aus der Antike zeigen, dass das Klima auch in der Antike mehr oder weniger großen Wechseln unterlag.

In Zeiten mit relativ höheren Temperaturen (1-2°C höher als heute und mit „vorindustriellen" CO_2-Gehalten von ca. 280 ppm) besiedelten die Wikinger Grönland („Grünland" genannt) unter Erik dem Roten gegen **Ende des 10. Jahrhunderts** (Abb. 30 und 31). Während diesem **mittelalterlichen Klima-Optimum** (ca. 800-1300 AD) konnte auch wieder Wein in nördlicheren europäischen Regionen, wie z.B. Nordengland und in Brandenburg, angebaut werden. Interessant ist auch, dass annähernd zeitgleich die Hochkultur der Maya während deren sogenannten „Endklassik" kollabierte. Als Auslöser hierfür werden hauptsächlich Perioden großer Trockenheit gegen Ende des 9. Jahrhunderts im Bereich der Yucatán-Halbinsel verantwortlich gemacht (u.a. HAUG et al. 2003, SCHUBERT 2016). Es dürfte auch kein Zufall sein, dass der Damm- und Deichbau in den Niederlanden in dieser wärmezeitlichen Periode des Mittelalters, verbunden mit erhöhten Meeresspiegelständen, verstärkt einsetzte.

Abb. 29 (folgend): Temperaturverhältnisse von 250 BC bis 600 AD anhand von Baumwachstums-homogenität in Zentraleuropa (linke Kurve: Ausschläge der Kurven nach rechts bedeuten höhere Wachstumshomogenität bzw. relativ höhere Temperaturen) und Intensität der Sonnenaktivität (rechte Kurve: ^{14}C-Produktion als Vertreter („proxy"), Ausschläge auf der x-Achse nach rechts bedeuten geringere Sonnenaktivitäten bzw. relativ tiefere Temperaturen; Quelle: SIROCKO (2012) nach SCHMIDT & GRUHLE (2006).

Abb. 29

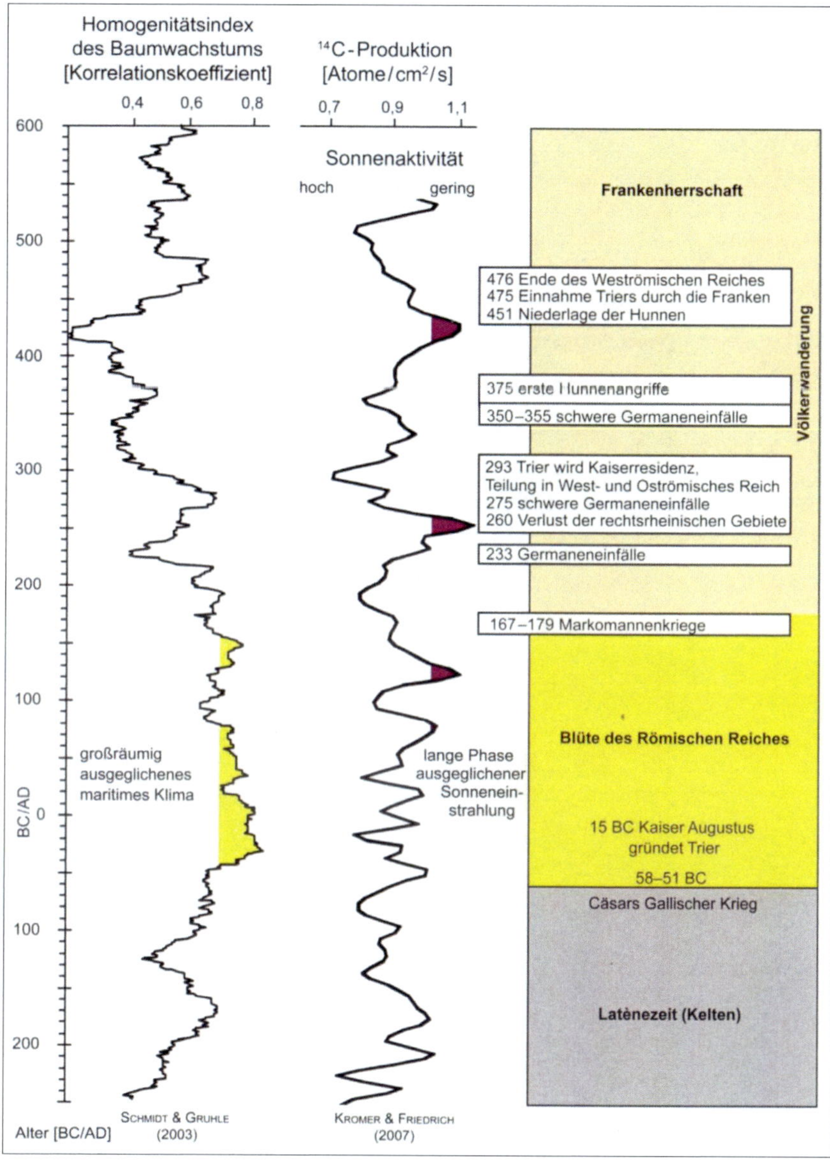

Abb. 30 (folgend): Temperaturverhältnisse von der Zeitenwende (vor 2.020 Jahren) bis zum Jahre 1400 (1400 AD) anhand der Intensität der Sonnenaktivität (^{14}C-Produktion als Vertreter („proxy“), Ausschläge auf der x-Achse nach rechts bedeuten geringere Sonnenaktivitäten bzw. relativ tiefere Temperaturen); Quelle: SIROCKO (2012).

Abb. 30

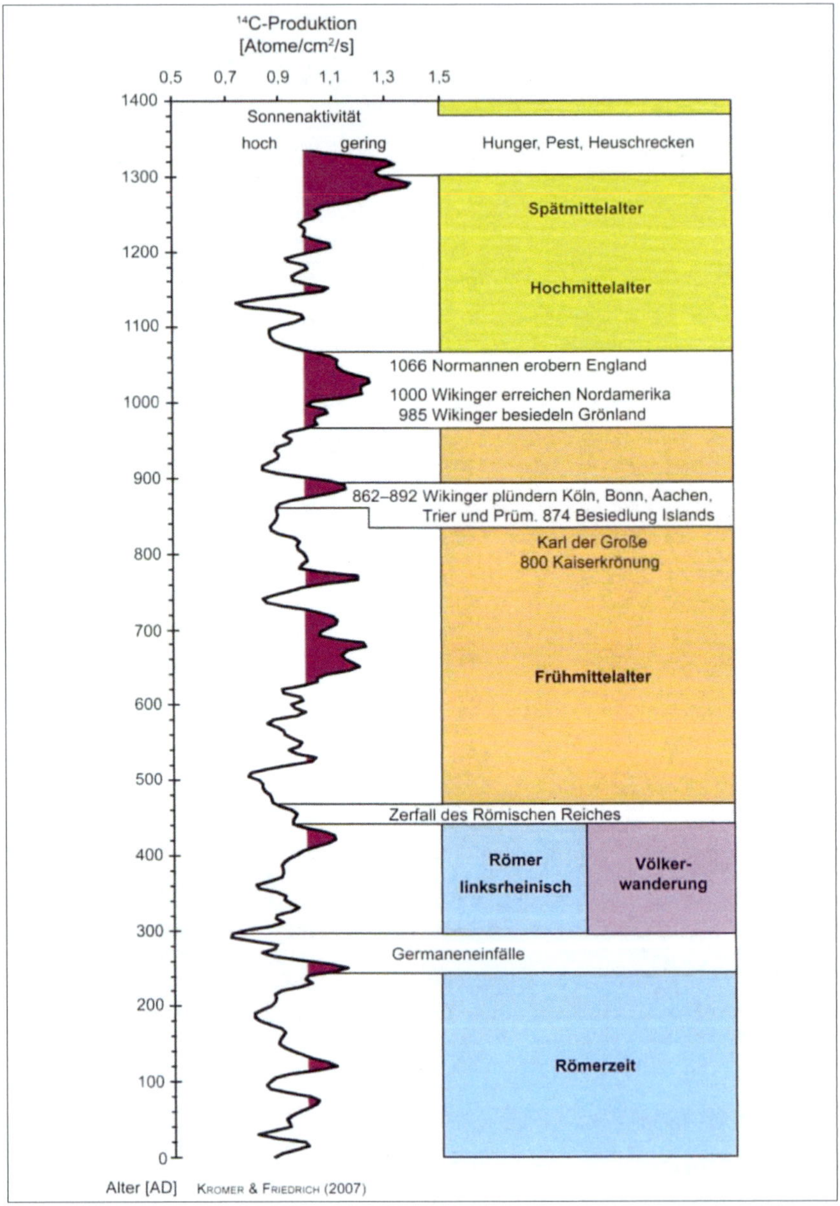

Wie schon weiter oben erwähnt, herrschte von ca. 1450 bis 1750 die „**Kleine Eiszeit**" des Spätmittelalters (Abb. 31), die in Europa zu Missernten, Unterernährung und Seuchen führte. Im 14. Jahrhundert breitete sich die Pest aus, der schätzungsweise 40-60 % der damaligen Bevölkerung in Europa zum Opfer fielen. Diese mittelalterliche Kälteperiode wurde charakterisiert durch sehr kalte, lang andauernde Winter und niederschlagsreiche kühle Sommer. Die Temperaturen waren bis zu ca. 2,5°C geringer als heute. Die durchschnittliche Vegetationsperiode war deutlich kürzer wie heute, was auch durch Baumringuntersuchungen belegt ist (Abb. 32). Deshalb standen die damaligen Landwirte vor der Entscheidung, spät auszusäen, was zur Folge hatte, dass die Ernte gering ausfiel, oder früh auszusäen, mit der Gefahr, dass die jungen Pflanzen vom Frühlingsfrost Schaden nahmen, z.B. während den alljährlichen Eisheiligen im Mai und der Schafskälte im Juni, welche deutlich stärker ausgeprägt waren als heute. In der Mitte des 17. Jahrhunderts, und noch bis ins 19. Jahrhundert, drangen die Talgletscher in den Alpen in mehreren Schüben vor und zerstörten dabei Gehöfte und Dörfer (s. z.B. RICHTER 1891 und HOLZHAUSER 1985), bevor sie sich mit dem 20. Jahrhundert wieder zurückzogen.

Abb. 31 (folgend): Jahresmittel des Temperatur-Indexes (nicht absolute Temperaturen) in Mitteleuropa der letzten 1.000 Jahre. Während dem Wärme-Optimum des Mittelalters waren die Temperaturen ähnlich denen der heutigen Zeit, welches dann allmählich in die „Kleine Eiszeit" überging. Quelle: DWD Jahresstatusbericht 2003, S. 61.

Abb. 31

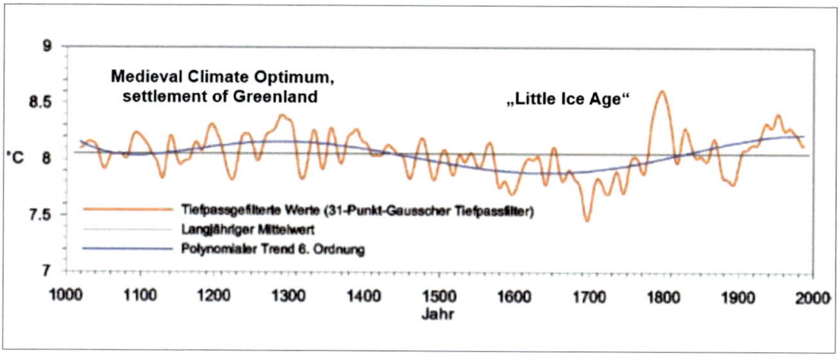

Die schlechten Lebensumstände gegen Ende der „Kleinen Eiszeit" veranlassten auch viele Menschen in Europa im 17. und bis ins 19. Jahrhundert nach Amerika auszuwandern. Bei sinkenden Temperaturen während der „Kleinen Eiszeit" breiteten sich Schnee und Eis auch wieder auf „Grünland" aus und zwangen die Wikinger spätestens im 15. Jahrhundert ihre Siedlungen auf Grönland wieder aufzugeben, die sie erst wenige Jahrhunderte zuvor gegründet hatten. Warum wurde die ebenfalls erst im 15. Jahrhundert gegründete berühmte Inkastadt Machu Pichu (Peru) in 2.430 m Höhe verlassen? Waren es ebenfalls harte Wintereinbrüche in Zeiten der „Kleinen Eiszeit", die diese Höhensiedlung mit ihren eindrucksvollen landwirtschaftlich genutzten Terrassen unbewohnbar machten?

Die Entwicklung des Temperaturindexes in Abb. 31 zeigt deutlich das Auf und Ab der Temperaturen in Mitteleuropa der letzten 1.000 Jahre, und dass die Temperaturerhöhungen in der zweiten Hälfte des 20. Jahrhunderts sich „reibungslos" in die natürlichen Schwankungen der Temperatur einfügen. Betrachtet man korrekterweise solche Langzeitreihen der Temperaturentwicklung, kann auf keinem Fall die Rede sein von einem Hockeyschläger-ähnlichen Kurvenverlauf der Temperaturentwicklung. In Abb. 31 und 32 erkennt man deutlich, wie es nach 1800 wieder wärmer wurde und dazu beitrug, dass Europa sich geistig und kulturell während der Biedermeierzeit entfalten konnte.

Abb. 32 (folgend): Die in Baumringen gemessenen stabilen Wasserstoff-, Kohlenstoff- und Sauerstoff- Isotope dienen u.a. als Stellvertreter („proxies") für die Feuchtigkeit- und Temperaturentwicklung in der Atmosphäre in der Vergangeheit und können einzelnen Jahren zugeordnet werden. Hier wird das Beispiel einer $\delta^{13}C$-Isotopen-Indexkurve anhand von Proben aus den Jahresringen einer sibirischen Lärche gezeigt, als Hinweis für Temperaturschwankungen (rechte y-Achse). Y-Achse links: $\delta^{13}C$-Isotopen-Werte auf jährlicher Basis; **rote Linie**: 10-Jahres-Mittel der $\delta^{13}C$-Isotopen-Indexwerte von Baumringen (Beikalsee, Sibirien); schwarze Linie: 10-Jahres-Mittel der gemessenen Temperaturen (s. y-Achse rechts) in Irkutsk (Sibieren). Quelle: SCHLESER & VOS (1993).

Abb. 32

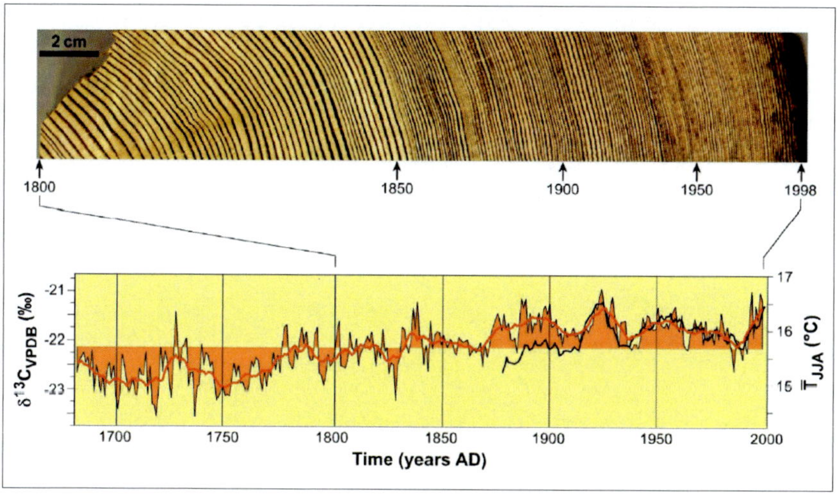

Seit dem Ende der „Kleinen Eiszeit“ und besonders im 20. Jahrhunderts wurden die Vegetationsperioden wieder zunehmend länger und Frosteinbrüche im Frühjahr seltener, kürzer und auch weniger streng als während der „Kleinen Eiszeit“. Darüber sollten wir heute froh sein, anstelle die aktuelle Wärmeperiode zu verteufeln. Vor allem vor dem Hintergrund der aktuell stetig zunehmenden Weltbevölkerung, die ernährt werden muss. Historisch betrachtet waren wärmere Perioden immer Zeiten der kulturellen und zivilisatorischen Blüte in Europa, wie der Höhepunkt der römischen Kultur (vor 2.000 Jahren), dem Hochmittelalter (vor ca. 1.000 Jahren) mit seinen in den Himmel reichenden gotischen Kathedralen. Kältere Perioden zeugten hingegen in Europa und Asien immer von Hungersnöten, Krankheiten und Völkerwanderungen.

Während der kommenden, nächsten Eiszeit werden sich die nutzbaren Agrarflächen wieder deutlich reduzieren durch die Ausdehnung der schnee- und eisbedeckten Gebiete, wie auch der Permafrost-Zonen, der nördlichen Hemisphäre, auf denen kein Ackerbau möglich ist. Vielleicht wird dies etwas entschärft werden durch eine Zunahme der Landflächen infolge des Absenkens des Meeresspiegels aufgrund der Bindung gefrorenen Wassers in den arktischen Regionen und in den kontinentalen Gebirgen über 1.000 m Höhe der nördlichen geographischen Breiten (s. auch Abb. 56).

Man wird dann die Fläche von Gewächshäusern, vor allem der künstlich beheizten, wesentlich erhöhen müssen, wofür enorme zusätzliche Energiemengen benötigt werden, um die zunehmend rasanter ansteigende Weltbevölkerung ernähren zu können. Zuvor, vermutlich in 200-300 Jahren, wird es zu einer signifikanten Absenkung der Temperaturen kommen, wie vorher zu Zeiten des Wärme-Pessimums der Völkerwanderung und der „Kleinen Eiszeit" (s. Abb. 18).

Abb. 33 (folgend): Erdoberflächen-Temperaturentwicklung, dargestellt als Abweichungen der mittleren Temperatur der Jahre 1951-1980, von 1880 bis 2019 basierend auf Daten des NASA Goddard Institute for Space Studies: https://earthobservatory.nasa.gov/world-of- change/DecadalTemp

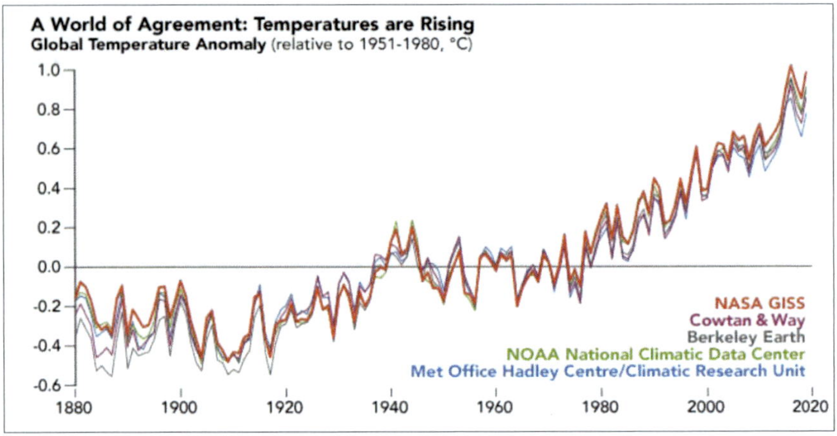

Abb. 33

In Deutschland war es um 1800-1810 so warm wie heute. In diesen Zeitraum fällt auch das Sonnenfleckenmaximum von 1805 (Tab. 2). Danach wurde es wieder deutlich kälter. Man erinnere sich an die harten Winter in den 40er bis 60er Jahren des 20. Jahrhunderts (Abb. 33). Nach 1970 bis zur Jahrtausendwende wurde es wieder wärmer, aber durchaus mit starken Wintereinbrüchen wie z.B. 1978/79 mit der bekannten Schneekatastrophe in Norddeutschland (s. Abb. 67-A). Zwischen 1999 und 2015 stagnierten die mittleren Temperaturen teilweise und stiegen danach wieder leicht an. Betrachtet man die steileren Temperaturerhöhungen der Temperaturentwicklung des 20. Jahrhunderts, so fallen zwei sehr ähnliche Anstiege auf, und zwar im Zeitraum von 1910 bis 1940 und von 1970 bis 1999 (Abb. 33). Nebenbei bemerkt, in diesen Zeiträumen stieg der CO_2-Gehalt in der Erdatmosphäre sehr unterschiedlich an, um 11 ppm (1910-1940) und um 43 ppm (1970-2000, https://data.giss.nasa.gov/modelforce/ ghgases/ Fig1A.ext.txt), was mit Sicherheit nicht der Grund war für diese Temperaturerhöhungen von ca. 0,5°C. Dazwischen (1940-1970) lagen Phasen der Abkühlung, während denen es auch in den Niederungen in Deutschland möglich war, selbst auf den kleinsten Hügeln und Böschungen Schlitten zu fahren, oder auf den zugefrorenen Seen, Flüssen und Bächen Schlittschuh zu laufen. In diesem Zeitraum der Abkühlung stieg der mittlere CO_2-Gehalt in der Atmosphäre interessanter Weise trotzdem von 311 auf 326 ppm (Δ15 ppm, s. auch Abb. 12). Es verwundert, dass die „vorindustrielle" Zeit bei der CO_2-Diskussion immer vor 1850 angesetzt wird, obwohl es erst gegen Ende des 2. Weltkrieges, also genau ab dem genannten Zeitraum von 1940-1970, zu einem extremen Aufschwung der Industrie kam, verbunden mit einem enorm erhöhten Verbrauch (und Verbrennung) von Kohle und Erdöl und mit einer entsprechend deutlich höheren anthropogenen Emission von CO_2. Warum ist dann in diesem Zeitraum die CO_2-Konzentration nur um 15 ppm gestiegen und es zu einer Phase der Abkühlung gekommen?

Abb. 34 (folgend): Temperaturentwicklung seit „Beginn der Temperaturaufzeichnung" (1850), basierend auf Daten der Climatic Research Unit (CRU) der Universität von East Anglia (England), ähnlich der Abb. 33, mit Darstellung der solaren Gleissberg-ähnlichen Zyklen (ca. 70-90 Dauer) und der Suess-/de Vries-Zyklen (ca. 200-230 Jahre Dauer), die beide ihr überlagerndes Maximum gegen 2010 erreicht haben. In der Projektion bis in die 2020er-Jahre dieser Abb. (s. auch Abb. 18) deutet sich auch schon die Abschwächung der „Klimaerwärmung" der beiden ersten Dekaden des neuen Milleniums an, die, wenn auch sicherlich mit Unterbrechungen, die nächsten Hunderte von Jahren anhalten wird. Quelle: KOELLE (2015).

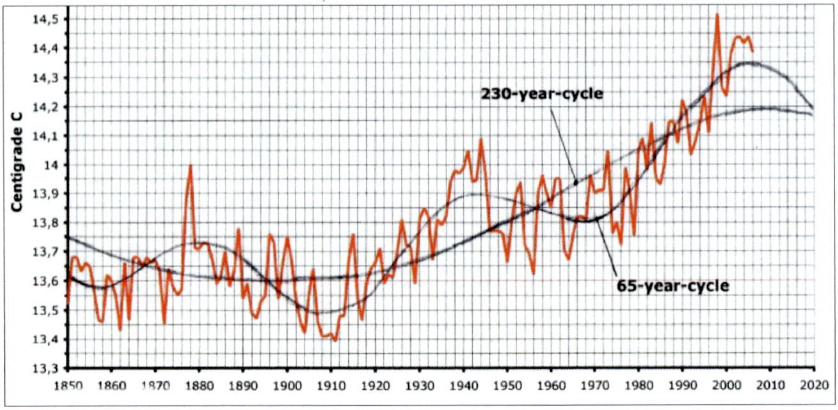

Abb. 34

Kurzfristige Momentausschnitte eines Auf und Ab der mittleren Temperaturen der Erdatmosphäre (wie z.B. in Abb. 33 und 34) muss man im großen Rahmen der erdgeschichtlichen Entwicklung betrachten und nicht nur in einem relativ kurzen Zeitraum von wenigen hunderten von Jahren, der gerade ins Konzept passt. Das mehr Auf als Ab des 20. Jahrhunderts hat sich in der Erdgeschichte schon Hunderte Male wiederholt, auch in „vorindustrieller" Zeit, wie z.B. im 1. Jahrhundert BC (z.B. Abb. 29). Bei dem gerne zitierten Temperaturvergleich der letzten anderthalb Jahrhunderte (seit „Beginn der Temperaturaufzeichnung") darf nicht unberücksichtigt bleiben, dass die Messbedingungen (wie z.B. Gerätetechnik (Quecksilber gegenüber digitalem Thermometer) und Aufstellungsstandort (Umgebung und Aufstellungshöhe)) nicht immer vergleichbar waren, bzw. sind. Besonders kritisch hierbei ist die Korrektur von historischen Temperaturmessdaten, da sich gerade die Umgebung der Messstationen im Laufe der letzten anderthalb Jahrhunderte erheblich verändert hat. So sind z.B. die Umgebungseinflüsse einer modernen Messstation in einer Millionen-Stadt mit der entsprechenden Infrastruktur (Gebäude, Straßen, etc. – Stichwort der im 1. Kapitel angesprochenen „urbanen Wärmeinseln") nicht vergleichbar mit denen derselben Stadt (bzw. dem früheren Städtchen) vor ca. 150 Jahren mit einem Bruchteil an Bevölkerung und städtischer Infrastruktur.

Des Weiteren ist zu berücksichtigen, dass man, wie schon gesagt, um 1850 auf niedrigem Temperaturniveau aus dem Ende der „Kleinen Eiszeit" kommt (Abb. 31 und 32), was zudem die kritische Frage aufwirft, was denn eigentlich die „richtige“ Temperatur für die Erde ist, 3- 4°C mehr oder weniger als heute? In Kapitel 13 werden wir auf diese Frage zurückkommen. Der gegenwärtige Temperaturanstieg ist nichts weiter als ein wiederholtes Erklimmen eines neuen Wärme-Optimums, wie z.B. das der Römerzeit und des Mittelalters (s. Abb. 47). Zudem wird in den Darstellungen der Temperaturentwicklung der letzten 150 Jahre der Maßstab (meist die y-Achse) immer unverhältnismäßig suggestiv erhöht, wie z.B. in den Abb. 33 und 34. D.h. die gesamte Skala der Temperatur-Achse umfasst nur max. 1°C, anstelle z.B. 5-10°C, was den natürlichen Temperaturschwankungen in sinnvollen geologischen Zeiträumen (> 1.000-10.000 Jahren) eher entspräche (s. auch Kommentar weiter unten zu Abb. 37 und 38).

Abb. 35 (folgend): Die über 7.000 Wettermessstationen des Global Historical Climatology Netzwerkes (GHCN) sind nicht gleichmäßig über die Kontinente verteilt und die wenigsten Stationen, nur 226, bestehen schon seit dem „Beginn der Temperaturaufzeichnung“ vor 150 Jahren (s. Farbkodierung unter der Grafik). Diese Grafik wurde erstellt von Robert A. Rohde aus unterschiedlichen publizierten Daten und integriert in das Projekt Global Warming Art: https://de.wikipedia.org/wiki/Datei:GHCN_Temperature_Stations.png

Abb. 35

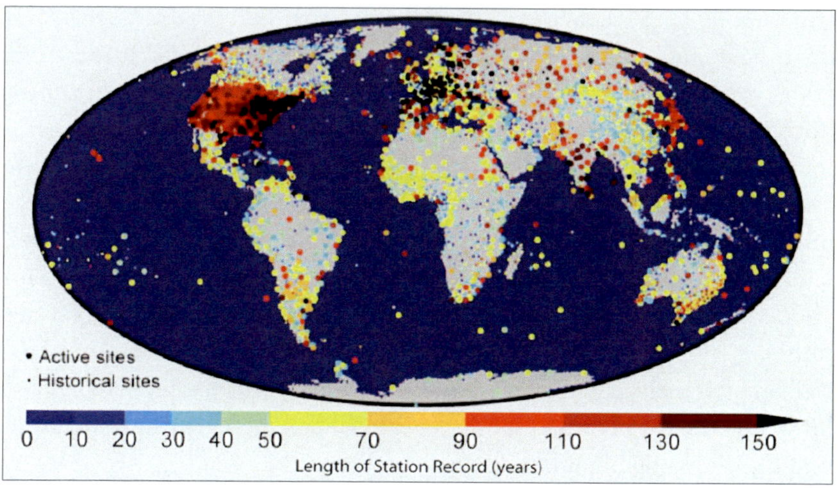

Ein anderer kritischer Aspekt bzgl. einer Zehntelgrad genauen Angabe der permanent postulierten mittleren Erdoberflächentemperatur ist die ungleichmäßige Verteilung der Bodenwetterstationen über den Globus (incl. der in den Weltmeeren schwimmenden fixen Meßstationsbojen). Natürlich werden die Temperaturen der Erdoberfläche und der Ozeane heute kontinuierlich per Satellit gemessen, aber diese Messungen umfassen nur einen sehr kurzen Zeitraum von weniger als 50 Jahren und umfassen so nur eine Sekundenaufnahme des Temperaturgeschehens der Erde in geologischen Zeiträumen. Abb. 35 präsentiert die Verteilung von über 7.000 erdoberflächengebundenen Wettermessstationen des Global Historical Climatology Netzwerkes (GHCN) und die Länge ihrer zeitlichen Aufnahme-abschnitte. Fast zwei Drittel der Messstationen befindet sich auf der Nordhalbkugel in einem Bereich zwischen dem 30. und 60. nördlichen Breitengrad, d.h. in der gemäßigten Klimazone der Nordhalbkugel. Hier befinden sich auch die Messtationen mit den längsten Aufzeichnungshistorien. Die Wetterstation in Berlin-Dahlem (Freie Universität), ist dabei übrigens die älteste mit den ältesten Wetterdaten von 1719 und durchgängigen Datenreihen seit 1756.

Man erkennt unschwer, dass diese über 7.000 Messstation keinesfalls homogen über die Kontinente verteilt sind, und schon garnicht über die unterschiedlichen Klimazonen der Nord- und Südhalbkugel, was das Bestimmen einer jährlichen mittleren Temperatur der Erdoberfläche, und dann noch auf ein Zehntelgrad genau sehr komplex macht. In der Antarktis, z.B., gibt es weniger als zwei Dutzend Messstationen, die zudem noch überwiegend an der Küste liegen. Mit modernen Auswertealgorithmen mag man bzgl. Temperaturkorrekturen sehr weit kommen, aber wie bei allen Programmen der Temperaturentwicklung, sind die Ergebnisse nur so gut, wie die angenommen Parameter vollständig und korrekt sind. Ich möchte mit diesem Kommentar und der Graphik der Abb. 35 darauf aufmerksam machen, dass die in den Medien postulierten Angaben der mittleren globalen Temperaturen und der entsprechenden Temperaturabweichungen nicht auf einer für alle Ewigkeiten in Stein gemeiselten absolut gültigen Basis beruhen, sondern sehr viel Spielraum für Interpretation und Optimierung offen lassen.

Abb. 36 (folgend): Mittlere globale Land- und Meeres-Temperaturabweichungen des Monats Januar (im Vergleich zur mittleren Temperatur des 20. Jahrhunderts) zwischen 1999 und 2014, die eher einer ca. 15-jährigen Pause der Erderwärmung entsprechen, als dem immer wieder zitierten Hockeyschläger-Kurvenverlauf. Quelle: https://www.ncdc.noaa.gov/cag/global/time- series der National Oceanic and Atmospheric Administration der USA.

Abb. 36

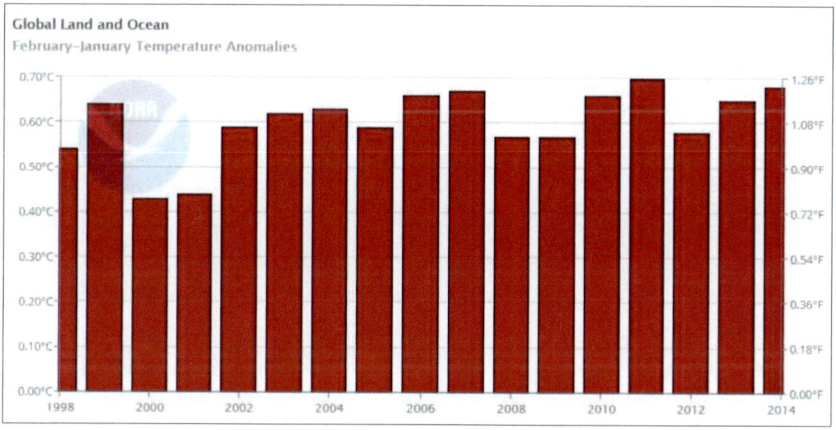

Der norwegisch-kanadische Nobelpreisträger (Physik 1973, Thema Supraleiter) Ivar Giaever äußerte sich in seinem Vortrag bei der Jahrestagung der Nobelpreisträger 2015 in Lindau extrem kritisch zu der einseitigen Diskussion zum Thema „Globale Erwärmung und Klimawandel“ (GIAEVER 2015). Aus naturwissenschaftlich analysierender Sicht stellt er die Richtigkeit und Zuverlässigkeit einer Zehntelgrad genauen mittleren Welttemperatur in Frage, u.a. aufgrund der über den Globus sehr ungleichmäßig verteilten Temperaturmessstationen, wie auch der schwierigen Vergleichbarkeit moderner Messdaten mit Temperaturmessungen aus den Anfängen der Temperaturaufzeichnung seit Mitte des 19. Jahrhunderts, wie schon oben diskutiert.

Es zeigt sich immer mehr, dass die geringen CO_2-Konzentrationen der Atmosphäre keine oder nur eine sehr untergeordnete Rolle bzgl. der globalen Klimaentwicklung spielen. Auch der sogenannte „Hockeyschläger“-

Effekt, eines überproportionalen Anstieges der Atmosphärentemperaturen gegen Ende des 20. Jahrhunderts, als Beweis der anthropogenen Ursache für die „Klimaerwärmung“ (Stichwort anthropogenes CO_2), ist bei genauer Betrachtung längerer Zeitabschnitte über mehrere Hunderte und Tausende von Jahren, wie z.B. in Abb. 31, nicht existent. Wie schon in früheren Zeiten, blieb auch zwischen 1999 und 2014 die Entwicklung der globalen mittleren Temperatur unauffällig, bzw. mehr oder weniger stabil (Abb. 36). Trotzdem stiegen die CO_2-Gehalte in der Atmosphäre in dem Zeitraum, der in der Abb. 36 dargestellt ist, weiter um 36 ppm von 367 ppm auf 403 ppm (s. auch Abb. 12), wohl eher im Nachlaufen hinter den Temperaturerhöhungen der Jahrzehnte davor. Auch die gemittelten monatlichen Lufttemperaturen (Abb. 37) auf der Zugspitze zeigen über die ersten beiden Dekaden des 21. Jahrhunderts eine erstaunliche Konstanz. Als Ergänzung dazu werden in Abb. 38 noch die Jahresmitteltemperaturen von 1901-2020 auf der Zugspitze präsentiert. Beim Vergleich beider Temperaturverläufe muss berücksichtigt werden, dass ungefähr derselbe y-Achsenabschnitt der Temperatur einmal 20°C umfasst (Abb. 37), aber nur 1°C in Abb. 38. Dies ist ein typisches Beispiel, für die Beeinflussung der visuellen Wahrnehmung bei unterschiedlicher grafischer Darstellung gleicher oder ähnlicher wissenschaftlicher Daten, wie schon oben kurz angesprochen. Vor allem, wenn man dann noch einen Zeitabschnitt präsentiert, der in das jeweilige Konzept passt.

Abb. 37 (folgend): Entwicklung der monatlichen Lufttemperaturen (Mittel, Minimum, Maximum) der Wetterstation „Schneefernerhaus“ auf der Zugspitze (Deutschlands höchster Berg mit 2.656 m) zwischen 2001 und Mitte 2017. Quelle: https://www.AlpEnDAC.eu/node/3#temperature.

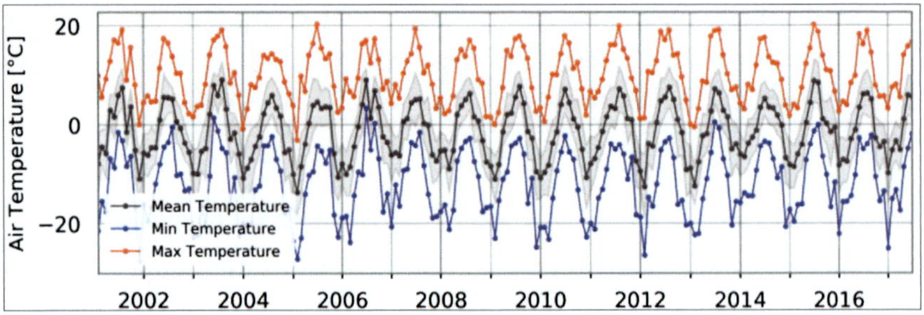

Abb. 37

Abb. 38 (folgend): Jahresmitteltemperaturen von 1901-2020 der Wetterwarte „Schneefernerhaus“ auf der Zugspitze; Quelle: https://schneefernerhaus.de/daten/monatsrueckblicke/archiv/

Abb. 38

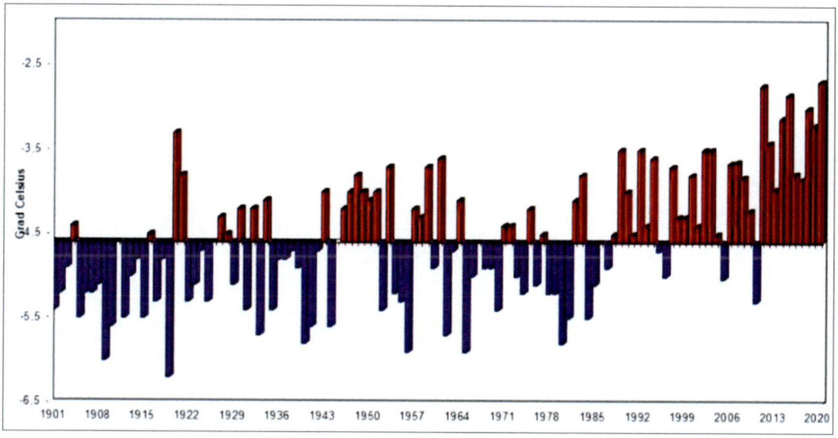

Im Gegensatz zu einem geschlossenen Treibhaus ist das System Ozeane-Atmosphäre (Tropopause und Stratosphäre) und Sonne nicht geschlossen und hat den größten Einfluss auf die Wetter- und Klimaentwicklung auf der Erde. Die Intensität der Wärme- und der ionisierenden Strahlung der pulsierenden Sonne, und auch der durchgelassenen energiereichen kosmischen Strahlung, die die Erde erreicht, schwankt zyklisch und beeinflusst direkt und indirekt das Wetter- und Klimageschehen der Erde, neben den sehr langfristigen Abhängigkeiten von den Bahnparametern der Erde um die Sonne. Die wetter- und klimarelevanten Vorgänge in der Erdoberflächen-nahen Atmosphäre, der Troposphäre, werden beeinflusst von Interaktionen mit den Ozeanen, wie auch mit der Stratosphäre. Der Motor, der diese Vorgänge in Gang hält ist die Sonne und nicht das Spurengas CO_2 in geringen Konzentration von einigen Hunderten von ppm (Teilen pro Million).

7: Extremwetter

In Verbindung mit der aktuellen Klimadiskussion wird oft die Koinzidenz von extremen Wetterphänomenen mit der „Klimaerwärmung“ diskutiert. Hier soll nur kurz auf das Thema Überschwemmungen eingegangen werden, weniger aber auf extreme Düren, Stürme, Hitze, etc., um den Umfang dieser Arbeit nicht zu sprengen. **Extremwetter** haben in der jüngeren Vergangenheit weder an Stärke noch an Häufigkeit zugenommen. Hochwasser waren z.B. im 18. und 19. Jahrhundert deutlich häufiger, wie man selbst leicht vor der Haustür an den Hochwassermarken von Neckar (Heidelberg, Höchststand 1784 mit +8 m, Abb. 39-A) und Alb (Ettlingen, Albhochwasser 1824, Abb. 39-B) feststellen kann, bei deutlich geringerer Oberflächenversiegelung damals. Ähnliche historische Hochwassermarken kann man in vielen anderen Städten an Flüssen in Deutschland finden. Dies wird auch deutlich gezeigt in Abb. 40 (Hochwassermarken in Eibelstadt am Main seit dem 16. Jahrhundert) und in Abb. 41 (Flugschrift zum Hochwasserereignis 1651). Damit soll nur kurz daran erinnert werden, dass es seit Menschengedenken immer Perioden extremer Unwetter gegeben hat, die von den Zeitgenossen immer als die schlimmsten aller Zeiten wahrgenommen wurden, bzw. werden.

Wir müssen nicht so weit in die Vergangenheit zurückblicken. Auch im letzten Jahrhundert gab es zahlreiche Extremwetterlagen mit ungewohnten Hochwassersituationen, wie z.B. im Jahre 1978. Das Hochwasserereignis des Flüsschens Alb (s. auch Abb. 39-B) erreichte im Mai 1978 eine Durchflussmenge von über 80 m^3/s und führte im Raum Ettlingen bei Karlsruhe (Baden) zu verheerenden Überschwemmungen. Dabei wurde die Bundesautobahn A5 im Bereich der Ausfahrt Karlsruhe-Ettlingen für viele Tage überflutet und lud zum Kajakfahren ein (s. Abb. 42).

Abb. 39-A (folgend): Hochwassermarke des Neckars an der Alten Heidelberger Brücke mit Höchststand von 1784; ***39-B:*** Hochwassermarke der Alb von 1824 in Ettlingen (Baden) in der Nähe des Rathausturms (flussaufwärts, rechte Flußseite).

Abb. 39

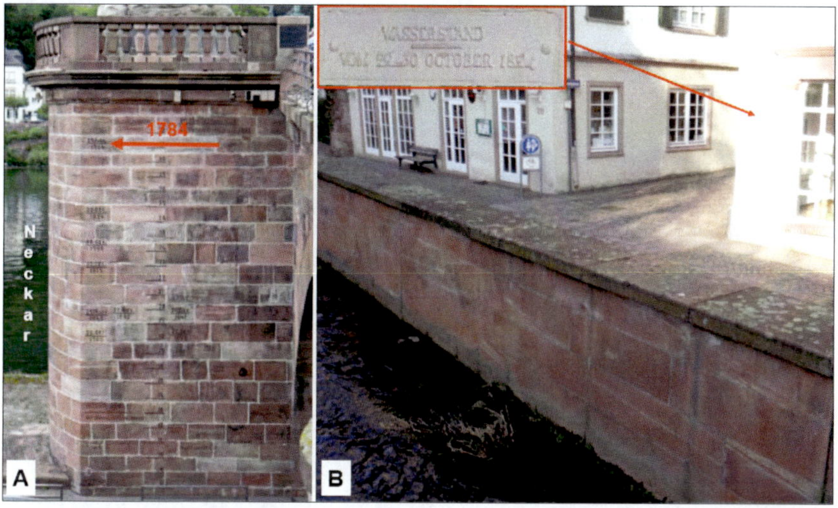

Abb. 40 (folgend): Hochwassermarken in Eibelstadt am Main seit dem 16. Jahrhundert; Quelle: DWD Klimastatusbericht 2003, S. 59.

Abb. 40

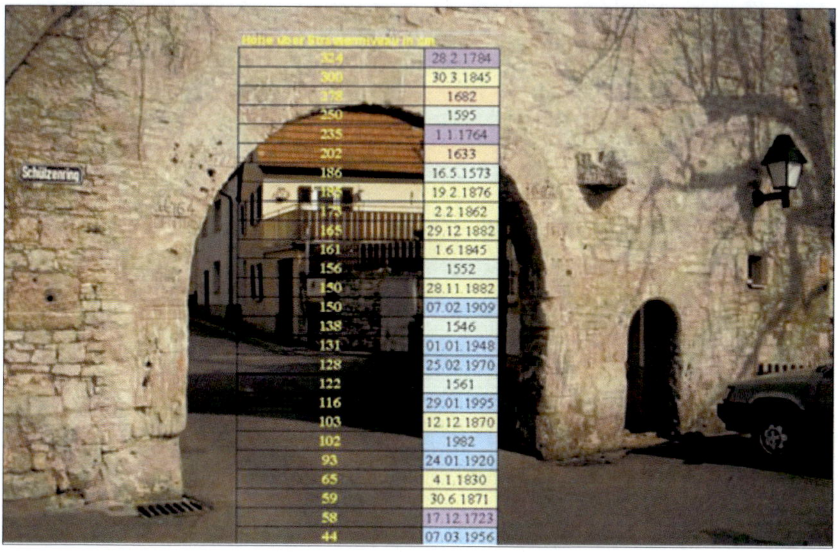

Abb. 41 (folgend): Mittelalterliche Flugschrift zum Hochwasserereignis 1651; Quelle: Bayerische Staatsbibliothek München, Fl.-Nr. 03099; aus DWD Jahresstatusbericht 2003, S. 58.

Abb. 41

Abb. 42 (folgend): Hochwasser des Flüsschens Alb im Mai 1978 mit Überflutung der Bundesautobahn A5 im Bereich der Ausfahrt Karlsruhe-Ettlingen.

Abb. 42

Abb. 43 (folgend): Häufigkeit von Starkniederschlägen in Brüssel seit 1898 während der Monate Juni, Juli und August, als Abweichung vom Niederschlagsmittelwert des Zeitraums 1898-2006, (**blaue** Punkte, Dezember-Januar-Februar Niederschläge > 0,8 mm von 10- und 15-jährigen Zeitreihen), deren Zyklizität (schwarze Kurve), und Darstellung der 35-40 Jahre dauernden Atlantischen Multidekaden-Oszillationen (AMO). Quelle: WILLEMS (2015), modifiziert nach LAURENZ (2019).

Abb. 43

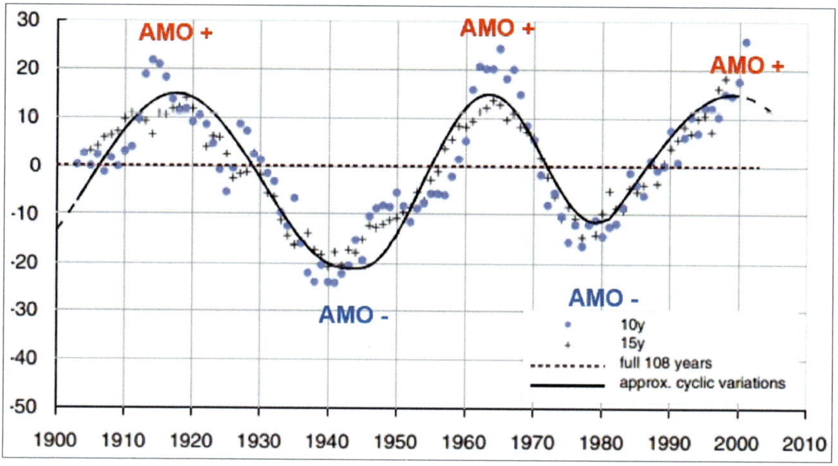

Moderne geophysikalische und meteorologische Forschungen zeigen, dass die oben erwähnten ozeanischen Oszillationen einen großen Einfluss haben auf das Wettergeschehen und damit auch auf extreme Wetterereignisse. In Europa sind dies vor allem die Atlantischen Multidekaden-Oszillationen (AMO) und die Nordatlantischen Oszillationen (NAO), die sich in der Zyklizität der Starkniederschläge in Europa wiederspiegeln. Diese zeigen einen Zusammenhang mit Phasen eines negativen NAO-Indexes und mit Perioden geringer Sonnenaktivität. Diese ca. 35-40 Jahre andauernden AMO-Zyklen könnten 3-4 der 11- jährigen Schwabe-Zyklen der Sonnenaktivität entsprechen. Abb. 43 präsentiert eine deutlich übereinstimmende Zyklizität der Häufigkeit von Starkniederschlägen mit der des AMO-Indexes. Ähnliches zeigt sich auch für bei der Betrachtung von Hurrikans zwischen 1856 und 2008 (Abb. 44). LAURENZ (2019) und VAHRENHOLT & LÜNING (2020) diskutieren die Häufigkeiten von

Extremwetterereignissen ausführlich. Erneut zeigt sich hier die Komplexität des Systems Sonne – Ozeane – Atmosphäre, das auch noch zusätzlich kurzfristig durch vereinzelte Ereignisse starker vulkanischer Aktivität beeinflusst werden kann, und das bei weitem heute noch nicht vollständig verstanden wird. Im Kapitel 5 wurde diesbezüglich kurz auf die El-Niño- und La-Niña-Effekte des südpazifischen Raums eingegangen.

Abb. 44 (folgend): Zyklizität des Atlantischen Multidekaden-Oszillations-/AMO-Indexes und der vom Mittel abweichenden Anzahl atlantischer Hurrikans von 1856 bis 2008; nach LAURENZ (2019), basierend auf Daten des UK Met Office Kaplan Sea Surface Temperature Anomalies (SSTA) mit Atlantic Hurricane Database reanalysis und AMO-Index nach 11-jährigem Mittel der Atlantic Main Development Region (MDR) SSTA (ENFIELD et al. 2001).

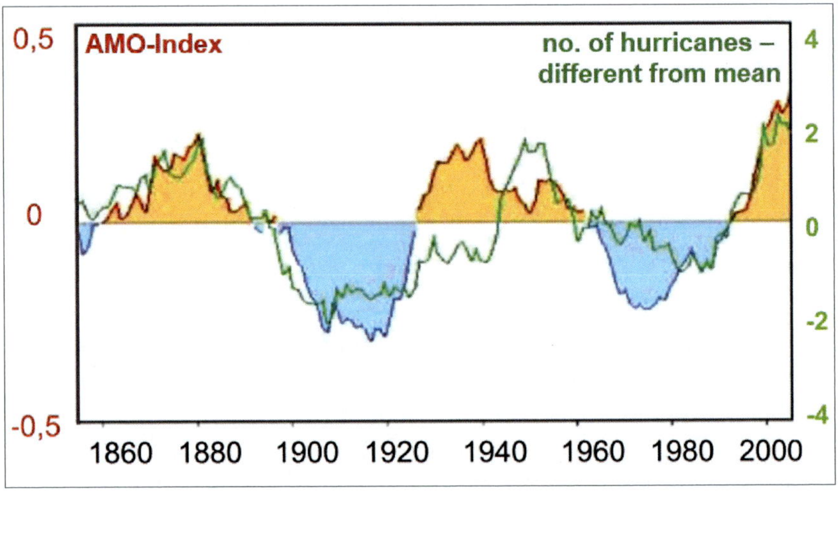

Abb. 44

8: Das Auf und Ab des Meeresspiegels

Meeresspiegelschwankungen sind eindeutig an Klima-, bzw. an Temperaturschwankungen gebunden. Die Meeresspiegelhöhen sind auf der ganzen Erde seit der letzten Eiszeit, seit ihrer größten Ausdehnung vor ca. 18.000 Jahren, je nach Region bis zu 130 m angestiegen. Während der letzten Warmzeit davor, dem Eem-Interglazial vor 126-115.000 Jahren, lag der Meeresspiegel bis zu 6-9 m über dem heutigen Niveau. Abb. 45 zeigt eines der weltweit zu beobachtenden Beispiele von Paläostränden der letzten Eem-Warmzeit. In Abb. 46 sind die Meeresspiegelschwankungen der letzten 440.000 Jahre dargestellt. In diese Zeitspanne fallen die letzten drei klassischen Kaltzeiten Würm, Riss und Mindel, sowie die diesen zwischengeschalteten Warmzeiten (Interglaziale) Holstein, Eem und das aktuelle Holozän. Die absolute lokale Schwankung der Meereshöhe kann natürlich auch von regionalen geotektonischen Einflüssen (Hebung oder Senkung) beeinflusst, bzw. überlagert werden. So hebt sich z.B. Fennoskandien (Skandinavien, Finnland, Kola-Halbinsel, Baltischer Schild) derzeit noch mit bis 10 mm pro Jahr als isostatische Ausgleichsbewegung zur ehemaligen über 3.000 m mächtigen Eisbedeckung während der letzten Eiszeit (s. auch Abb. 56). Die derzeitige verallgemeinerte postulierte weltweite Erhöhung des Meeresspiegels um ca. 1-2 mm pro Jahr ist natürlichen Ursprungs und weder ungewöhnlich noch linear weiter in die Zukunft „hochrechenbar“. Vom Ende der letzten größten Eisverbreitung vor ca. 18.000 Jahren ausgehend, als der Meeresspiegel bis zu 130 m unter dem heutigen Niveau lag, könnte man vereinfacht einen durchschnittlichen jährlichen Meeresspiegelanstieg von ca. 7 mm berechnen. Dies ist allerdings nicht ganz korrekt aufgrund dem stetigen Kommen und Gehen temporär kälteren und wärmeren Perioden seit der letzten Eiszeit (so z.B. Abb. 46), bzw. einem wiederholten Auf und Ab des Meeresspiegels.

Abb. 45 (folgend): Ein Beispiel der vielen Zeugen eines bis zu 6-9 m höheren Meeresspiegels in Form von Paläo-Geröll- (Bild links) und Paläo-Sandstränden (Bild rechts) der letzten Warmzeit des Eem-Interglazials vor 126-115.000 Jahren bei Muxia in NW-Spanien.

Abb. 45

In den Malediven war der Wasserspiegel z. B. vor 3.900 Jahren ca. 1 Meter höher als heute (während dem Wärmemaximum des sogenannten „Atlantikums" (s. z.B. Abb. 47). Übrigens, das Korallenwachstum richtet sich selbstregulierend nach dem Wasserspiegel, bzw. der Sonneneinstrahlung, d.h. Korallen wachsen in Richtung Meeresoberfläche wenn der Wasserspiegel steigt. Fällt der Wasserspiegel jedoch, sterben Korallen über dem Meeresspiegel ab, bzw. ziehen sich in die Tiefe zurück. Dieses Auf und Ab des sich an die Umgebungsbedingungen anpassenden Korallenwachstums kann man gut in Gebieten vulkanisch aktiver Inseln beobachten, die sich aufgrund der tektonischen Bewegungen infolge des Vulkanismus heben und senken können, worauf sich das Korallenwachstum flexibel anpasst.

Abb. 46 (folgend): Verschiedene Abschätzungen der Änderung des Meeresspiegels im Laufe der letzten 440.000 Jahre mit den drei klassischen Kaltzeitepochen Weichsel, Riss und Mindel; aus WILLIAMS (2012) modifiziert nach IGBP Science No. 3 (ALVERSON et al. 2001).

Abb. 46

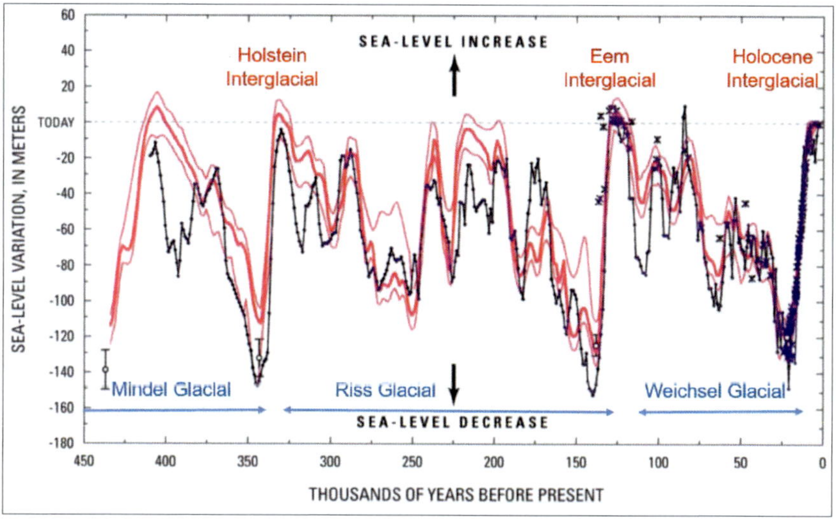

Abb. 47 (folgend): Schwankungen der mittleren Temperaturen (y-Achse) in Bodennähe der nördlichen Hemisphäre seit Ende der letzten Eiszeit Würm vor 11.000 Jahren. X-Achse: Jahrtausende vor unserer Zeit. Die Graphik zeigt **rote wärmere** und **blaue kältere** Perioden. Die beiden großen Wärmemaxima vor ca. 8.000-6.000 und ca. 5.000-3.5000 Jahren entsprechen dem „Atlantikum"-Wärmeoptimum. Das kleinere Wärme-Optimum danach, vor 3.000 Jahren, entspricht dem Minoischen Wärme-Optimum. Vor ca. 2.000 Jahren war das Wärme-Optimum der Römerzeit und vor ca. 1.000 das Optimum des Mittelalters. Die Temperaturminima vor ca. 1.600 und ca. 500 Jahren entsprechen den sogenannten Wärme-Pessima der Völkerwanderungszeit bzw. der „Kleinen Eiszeit".

Abb. 47

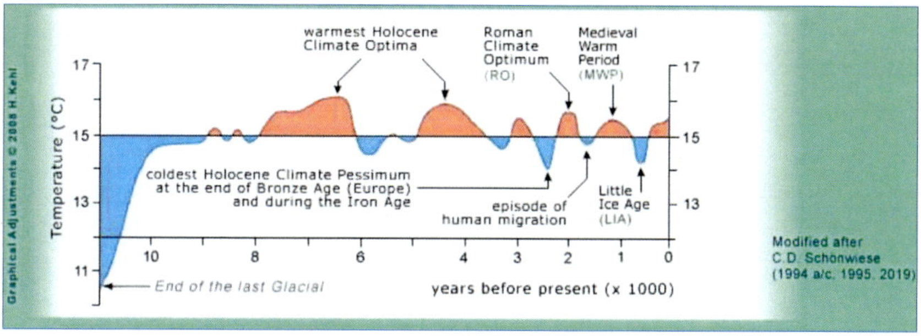

Die heutigen Britischen Inseln waren auch während der letzten Eiszeit erneut, d.h. wieder wie während früheren Eiszeiten, mit dem europäischen Festland verbunden (Abb. 48). Dies wurde u.a. auch durch zahlreiche archäologische Siedlungsfunde im heutigen Nordsee-Wattenmeer, z.B. dem sogenannten Doggerland, dokumentiert. Die Hochkulturen (auch bzgl. Landwirtschaft) des Zweistromlandes (Euphrat und Tigris) entwickelten sich im heutigen Binnenmeer des Persischen Golfes (zw. Saudi-Arabien und dem Iran, heute mit Wassertiefen von 40-100 m). Vor ca. 18.000 Jahren, am Ende der letzten Eiszeit, lag der Persische Golf trocken, da im Arabischen Meer der Meeresspiegel bis zu 120 m tiefer lag als heute (Abb. 49). Es wird vermutet, dass die in der Bibel genannte Sintflut zurückgeführt werden kann auf in antiken Überlieferungen genannten sprunghafte und katastrophale Überschwemmungen vor ca. 8-9.000 Jahren, die auch dokumentiert sind in sumerisch-babylonischen Keilschrifttafeln. Diese Überschwemmungen der Antike erfolgten im Rahmen des globalen Meeresspiegelanstiegs aufgrund des natürlichen Klimawandels mit entsprechenden Temperaturerhöhungen und Abschmelzen der Polkappen und des Inlandeises während des sogenannten „Atlantikums", dem letzten bedeutenden Klimamaximum seit der letzten Eiszeit, vor 8.000 bis 4.000 Jahren (s. Abb. 47). Während der letzten Eiszeit waren auch das Baltische Meer und das heutige Schwarze Meer große Inlandseen.

Ein weiteres archäologisch sehr interessantes Beispiel für den Anstieg des Meeresspiegels seit der letzten Eiszeit war die Entdeckung der steinzeitlichen Grotte von Cosquer mit ihren faszinierenden Felsgravuren und -Malereien an der südfranzösischen Mittelmeerküste, südöstlich von Marseille (Abb. 50). In den 1980er Jahren hatten Taucher den Höhleneingang in 37 m Wassertiefe entdeckt. Am Ende der letzten Eiszeit (Würm-Eiszeit), als die Höhlenmalereien vor 30.000 bis 18.000 Jahren entstanden, lag der Höhleneingang zirka 11 km von der damaligen Küstenlinie entfernt und 80-90 m über dem damaligen Meeresspiegel (CLOTTES & COURTIN 1995). Inzwischen hat das Wasser des südfranzösischen Mittelmeers die einzigartigen Wandmalereien in dem einstigen trockenen Höhlensystem erreicht.

Abb. 48 (folgend): Während der letzten Eiszeit bildete England mit dem europäischen Festland eine gemeinsame Landmasse. Bild links: Zustand heute mit Ärmelkanal, Deutscher Bucht und Untiefe der Doggerbank (Wassertiefe heute ca. 30 m); Bild in der Mitte: Landmasse mit heute versunkenem Doggerland vor ca. 7.000 Jahren; Bild rechts: Kontinentaleuropa während der letzten Eiszeit (115.000 – 12.000 Jahren); Quelle: https://de.wikipedia.org/wiki/Doggerland

Abb. 48

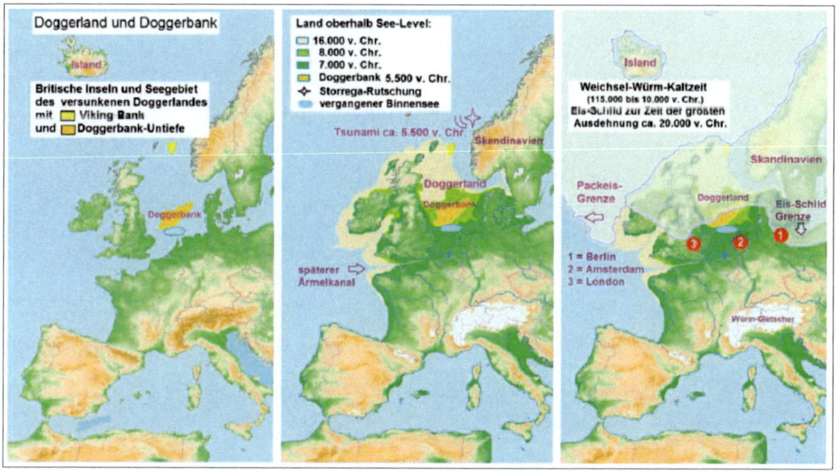

Unzählige archäologische Funde von Resten römischer Ansiedlungen entlang und „unterhalb" der heutigen Küstenlinien des Mittelmeers und des Atlantiks zeigen, dass der Meeresspiegel um bis zu 3,5 m gestiegen ist seit deren Gründungen vor ungefähr 2.000 Jahren. Abb. 51 und 52 präsentieren nur zwei solcher Beispiele aus Galicien (NW-Spanien) und Istrien (Kroatien).

Abb. 49 (folgend): Binnenseen zu Zeiten der Verlandung des Persischen Golfes während der letzten Eiszeit. Situation vor 20.000-15.000 Jahren basierend auf Untersuchungen mariner Sedimente; aus BUCHNER & BUCHNER (2011).

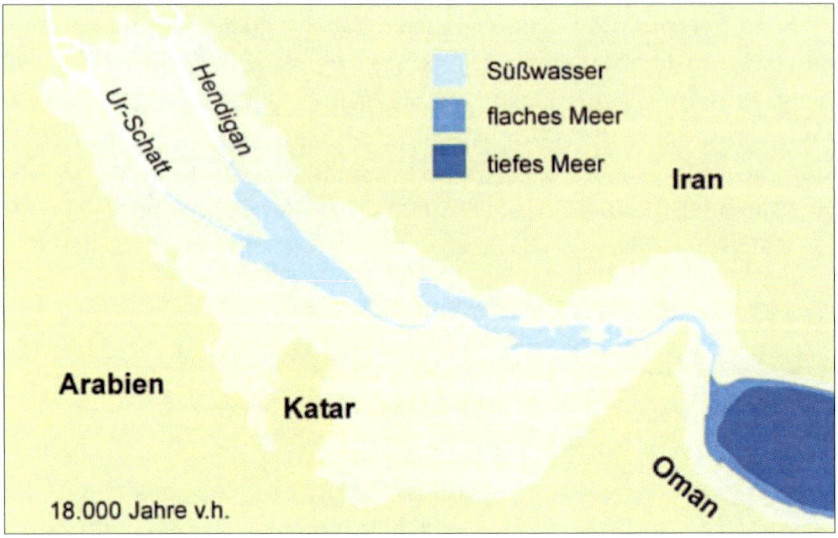

Abb. 49

Abb. 50 (folgend): Teil des großen Panels der Pferde, das knapp über dem heutigen Meeresspiegel liegt, Grotte Cosquer (Mittelmeerküste südöstlich von Marseille, Frankreich). Der Höhleneingang liegt heute in 37 m Wassertiefe; aus CLOTTES & COURTIN (1995).

Abb. 50

Abb. 51 (folgend): Mauerreste einer römischen Casa Rustica (de Noville) aus dem 3. Jahrhundert AD am Ufer der Ría de El Ferrol bei Mugardos (NW-Spanien), s.a. PADÍN ABAL (2017).

Abb. 51

Abb. 52 (folgend): Luftbild der Halbinsel Vizula (Medulin, Istrien, Kroatien) mit Resten römischer Ansiedlungen, die heute teilweise unter dem Meerespiegel liegen. Im kleinen Bild ober rechts ist noch heute untermeerisch der Verlauf der ehemaligen römischen Zugangsstrasse deutlich erkennbar; s.a. ÖAW (2019).

Abb. 52

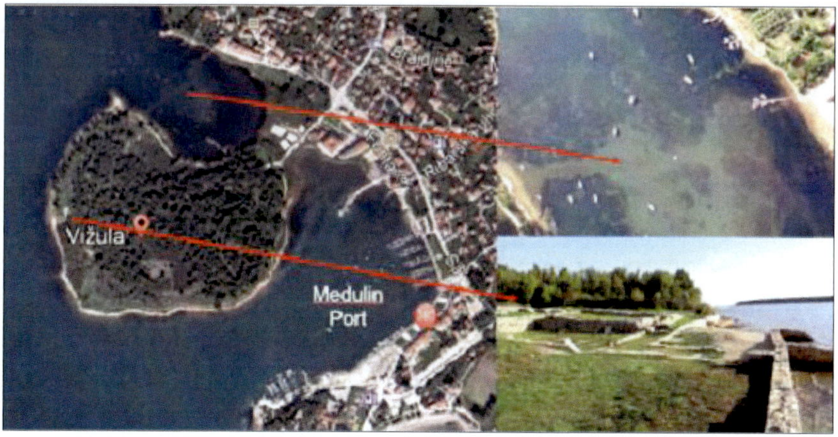

9: Das Vor und Zurück der Gletscher

Seit dem 19. Jahrhundert gehen die **Gletscher** in den Alpen wieder (erneut) zurück, wie schon unzählige Male zuvor. Nur als Beispiel sei auf das Gletschereis des Ortlergipfels (Südtirol, Italien) verwiesen, das jünger als 7.000 Jahre ist (GABRIELLI et al. 2016), d.h. vor 7.000 Jahren war der Ortlergipfel (3.905 m.ü.d.M.) gletscherfrei. Das Abschmelzen vieler Alpengletscher in dieser Zeit, die deutlich wärmer war als in unserer Gegenwart (heute!), fällt in das sogenannte „Atlantikum", einem wärmeren Abschnitt des Holozäns (Abb. 47), das von ca. 8.000 bis 4.000 Jahre vor heute anhielt (s. auch BGR 2004). Schweizerische und österreichische Naturwissenschaftler haben für die letzten 10.000 Jahre acht Zyklen dieses Vor und Zurück der Alpengletscher festgestellt. Ein weiteres Beispiel hierfür ist das mehrmalige Vordringen (u.a. während der „Kleinen Eiszeit") und Rückziehen (z.B. während des Römischen und des Mittelalterlichen Wärme-Optimums) des Aletsch-Gletschers an der Südabdachung der Berner Alpen (Schweiz); u.a. HOLZHAUSER et al. (2005) und AUER et al. (2014).

Abb. 53 (folgend): Der von Gletschern abgehobelte und abtransportierte Gesteinsschutt wird bei deren Ausbreitung (Vorrücken der Vergletscherung) und Zurückweichen (Abschmelzen) in Moränen abgelagert. In der Gletscherkunde unterscheidet man Grund-, Mittel-, Rand- und Endmoränen, um nur einige der verschiedenen Formen zu nennen. Graphik aus https://hohetauern.at/images/dateien/unterrichtsmaterialien/gletscher.pdf.

Abb. 53

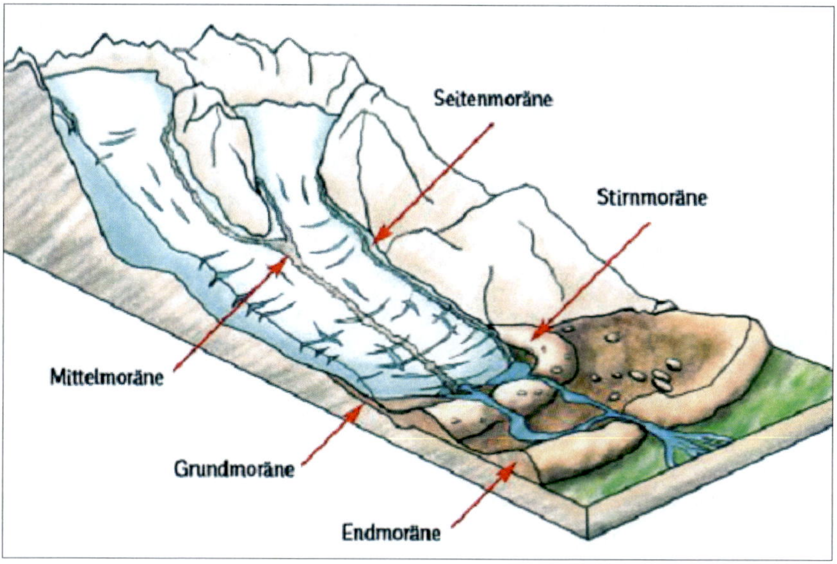

Fast überall in den heutigen Alpen kann man leicht die Spuren erkennen, die die Gletscher der letzten Eiszeiten hinterlassen haben, indem sie Bergspitzen und Berggrate herausmodelliert haben und den abgehobelten und abtransportierten Gesteinsschutt nach ihrem Abschmelzen in Moränen fernab ihres Ursprungs abgelagert haben. Das Wort **Moräne** ist abgeleitet vom savoyardischen Wort „morêna", das „Geröll" bedeutet. In der Gletscherkunde unterscheidet man Grund-, Mittel-, Rand-, Endmoränen, um nur einige der verschiedenen Formen zu nennen (Abb. 53). Abb. 54 zeigt den Hängegletscher am nördlichen Gipfelhang des Berges La Grande Motte (Savoyen, Frankreich), als randlicher Rest des mächtigen eiszeitlichen Isère-Gletschers. Die oft bizarren Felsengrate wurden vom Gletschereis, das in den Alpen Mächtigkeiten von über 2.000 m erreichte, herausmodelliert.

Abb. 54 (folgend): Hängegletscher am nördlichen Gipfelhang der Grande Motte (3.653 m, Savoyen, Frankreich), randlicher Rest eines mächtigen eiszeitlichen Isère-Gletschers. Die oft bizarren Felsengrate wurden vom Gletschereis, das in den Alpen Mächtigkeiten von über 2.000 m erreichte, herausmodelliert.

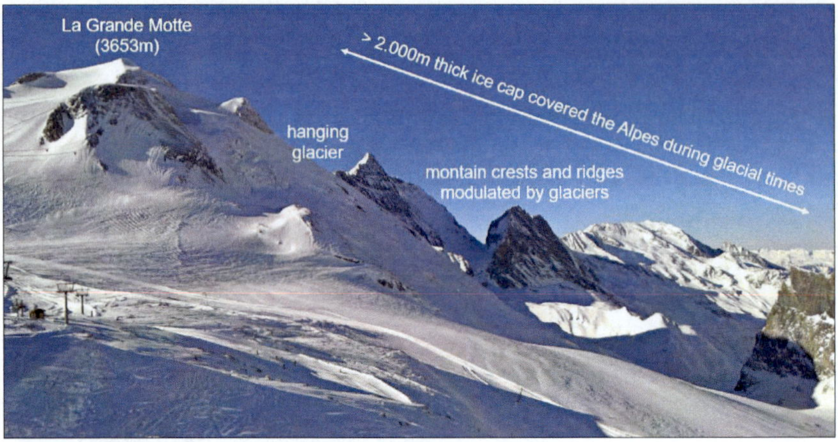

Abb. 54

Abb. 55 (folgend): Der Karsee Mummelsee (in 1.028 m Höhe, Schwarzwaldhochstrasse B500, Nordschwarzwald) ist ein Relikt der Vergletscherung des Nordschwarzwaldes während der letzten Eiszeit. Diese Aufnahme (Webcam Grindehütte am 22.01.2020) zeigt auch schön das Wetter-Phänomen der Inversionswetterlage im Hintergrund rechts oben: über den Wolken ist es sonnig und warm (über dem Gefrierpunkt), während es unter der Wolkendecke, im Rheintal, grau und kalt ist (unter dem Gefrierpunkt).

Abb. 55

Abb. 56 (folgend): Verbreitung der eiszeitlichen Würm/Weichsel-Vergletscherung Europas (**blaue Linie**), der eiszeitlichen Vegetations- und der Permafrostzonen vor ca. 12.000 Jahren Die berühmten eiszeitlich bewohnten Orte wie z.B. Lascaux und Chauvet (FR) lagen dementsprechend knapp außerhalb und Willendorf (DE) und Predmost (PL) innerhalb der Permafrostzone. Nach LEVADOUX (1956) zogen sich die wilden Weinrebengewächse während den Kaltzeiten zurück in die eisfreien Gebiete des Mittelmeers (**rote Linie**). Die Eisbedeckung im Zentrum des Eisschildes betrug über 3.500 m, wo die nacheiszeitliche, bis heute andauernde Landhebung infolge isostatischer Ausgleichsbewegungen schon über 250 m Höhe erreicht hat. Quelle: http://www.vinetowinecircle.com/en/genetics/the-presence-of- wild-vines-during-the-ice-age-in-iberia/, s. auch https://media.diercke.net/omeda/800/5277E_1.jpg)

Abb. 56

In den deutschen Mittelgebirgen (Harz, Bayerischer Wald, Schwarzwald) finden sich Relikte früherer Eiszeiten, wie z.B. die zahlreichen Karseen des Schwarzwaldes, dessen höchste Erhebungen im Norden und Süden (> 1.000 m Höhe) während den letzten Eiszeiten eine Eiskappe hatten, genauso wie sein elsässisches Pendant, die Vogesen. Auch auf der Iberischen Halbinsel bedeckten Gletscher die höchsten Lagen der Mittel- und Hochgebirge während den letzten Eiszeiten, wie z.B. in den Pyrenäen, im Kantabrischen Gebirge, im Gebirge von Gerês – Xurés (PT) und der zentralspanischen Sierra de Guadarrama. Die im Südosten Spaniens gelegene Betische Kordillere, zu der die Sierra Nevada mit dem 3.482 m hohen Mulhacén als höchste Erhebung der Iberischen Halbinsel gehört, ist die südlichste Bergregion des europäischen Kontinentes, die Vereisungsspuren der letzten Eiszeiten aufweist. Karseen entstehen durch Aushobeln des Untergrundes von Hängegletschern, so zum Beispiel der Mummelsee (Abb. 55), der an der Schwarzwaldhochstraße B500 liegt, unterhalb der 1.163 m hohen Hornisgrinde, als höchste Erhebung des Nordschwarzwaldes.

Abb. 57 (folgend): Während den Kältemaxima der Eiszeiten drangen die Gletscher bis ins Alpenvorland vor. Damals waren die Talgletscher Dutzende bis Hunderte von Kilometern länger als heute, wo sie Gletschertröge aushobelten, die sich nach Abschmelzen und Rückzug der Gletscher mit Wasser füllten und heute die bekannten Seen des Alpenvorlandes bilden: Aufnahme: Landsat / Copernicus Satelittenaufnahme: 2009 GeoBasis-DE/BKG, 2018 Google Earth.

Abb. 57

Abb. 58 (folgend): Der zirka 3,5 Quadratkilometer große See von Sanabria in der Provinz Zamora ist Spaniens größter natürlicher See und eiszeitlichen Ursprungs. Seine Tiefe erreicht bis zu 54 Meter, seine Länge ca. 3 km. Er liegt in einer Höhe von rund 1.000 Meter, über der die Berge während der letzten Eiszeit vergletschert waren.

Abb. 58

Während den Kältemaxima der Eiszeiten drangen die Gletscher bis ins Alpenvorland vor, d.h. die Talgletscher waren Dutzende bis Hunderte von Kilometern länger als heute, wo sie Gletschertröge aushobelten. Diese oft abflußlose Tröge füllten sich nach Rückzug der Gletscher mit Wasser und bildeten die heute bekannten Seen des Alpenvorlandes (Abb. 57 und 59), wie z.B. der Bodensee, der Züricher See, der Genfer See; aber auch der See von Sanabria in der spanischen Provinz Zamora (NW-Spanien, Abb. 58). Diese eiszeitlich entstandenen Seen wurden bevorzugte Siedlungsplätze der Jungsteinzeit (POHANKA 2018).

Abb. 59 (folgend): Die Reste einer fast 100 km langen halbkreisförmigen Endmoräne (gelb nachgezeichnet) begrenzen das Rosenheimer Becken im bayerischen Alpenvorland und bezeugen dessen ehemalige Eisrandlage. Quelle: Lernort Geologie, Landschaftsentwicklung in Bayern, s. 187, Bayerisches Staatsministerium für Umwelt und Gesundheit (StMUG), Staatsinstitut für Schulqualität und Bildungsforschung (ISB).

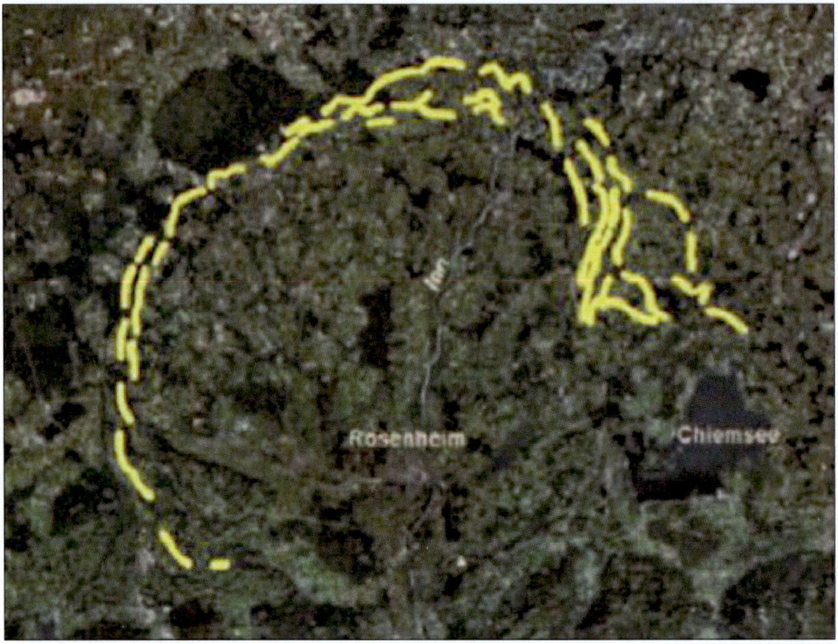

Abb. 59

Nach Rückzug des eiszeitlichen Inlandeises in den vom Gletschereis befreiten Tiefebenen, wie z.B. das letzte Mal vor ca. 12.000 Jahren in Norddeutschland (Abb. 56), ließen die bis zu einige Tausend Meter mächtigen Gletscher ihre Gesteinsfracht dort zurück. Dabei wurden diese blinden Passagiere meist mehrere Hunderte von Kilometern von dem Ort ihrer Herkunft entfernt, d.h. wo diese Gesteine anstanden, auf Eisesrücken wegtransportiert. Dieser von ehemaligen Gletschern abgelegte Gesteinsschutt, Moräne genannt (s. Abb. 53), kann u.a. lange Hügelketten bilden (Abb. 59 und 60). Auffällige Fremdkörper in den meist felsenfreien Tiefebenen sind die so genannten **Findlinge**, die Durchmesser von mehreren bis einigen Zehner Metern und Gewichte von bis zu mehreren Hunderten (ja sogar Tausenden) von Tonnen aufweisen können (Abb. 61-A). Sie wurden vom Inlandeis, das Norddeutschland bedeckte, über Hunderte von Kilometern aus Skandinavien während den letzten Eiszeiten herantransportiert. Es scheint verständlich, dass die Steinzeitmenschen dachten, diese Findlinge wären von Götterhand transportiert worden, und diese als göttliche Plätze verehrten (ähnlich Stonehege). Vermutlich dienten Findlinge, vor allem ehemalige Gletschertische (flache Findlinge, Abb. 61-B) als Vorlagen und Baumaterial für Bauten und Steinmonumente, vor allem Hünengräber (Monolithgräber, Großsteingräber, Dolmen (Abb. 62), auch Cromlechs, Henges, etc. genannt), der sogenannten Megalithkultur (4.000-2.000 Jahre BC, z.B. POHANKA (2018)).

Abb. 60 (folgend): Typische norddeutsche Grund- und Endmoränenlandschaften (hier bei Liepe, Landkreis Barnim, Südliche Ukermark; Foto: Norbert Schlaak) zeugen von den Gletschervorstößen aus Skandinavien während den letzten Eiszeiten.

Abb. 60

Abb. 61-A (folgend): Foto links: eiszeitlicher Findling „Großer Stein von Tonnenheide" bei Rahden (Nordrheinwestfalen); ***61-B***: typischer Gletschertisch des Aargletschers der Schweizer Alpen, Foto: https://www.swisseduc.ch/glaciers/alps/unteraargletscher/gletschertische-de.html).

Abb. 61

Abb. 62 (folgend): Vermutlich dienten Findlinge (Abb. 61-A) und vor allem ehemalige Gletschertische (Abb. 61-B) als Vorlage für die Bauten der Megalithkultur, wie z.B. von Hünengräbern der Jungsteinzeit. Foto: Dolmen Petra da Arca (Vimienzo, NW-Spanien) mit einem Alter von ca. 6.000 Jahren.

Abb. 62

Neben diesen geomorphologischen Zeugen (Moränen, Karseen, etc.) der letzten Eiszeiten, sind es vor allem Gletscherschliffspuren auf Gesteinsoberflächen (Abb. 63), die darauf hinweisen, dass mächtige Gletscher ihren „graffiti tag" vor Jahrtausenden und Jahrmillionen hinterlassen haben. Es waren solche „Eisspuren" und eiszeitliche Ablagerungen von *„verhärteten Blocklehmen (Tilliten) mit geritztem Geschiebe"* und Moränen, die man über die Erde verteilt in Regionen beobachten kann, wo es aktuell keine Inlandsvereisung mehr gibt, die **Alfred Wegener** dazu veranlassten, sich Gedanken zu machen über die natürlichen Klimawechsel in der geologischen Vergangenheit der Erde. Darauf aufbauend entwickelte er seine vor hundert Jahren revolutionierende **Verschiebungstheorie der Kontinente** (KÖPPEN & WEGENER 1924). Alfred Wegener wurde von der damaligen Geowissenschaftler-Gemeinschaft als Dissident (= Andersdenkender) geschmäht. Die geowissenschaftlichen Untersuchungen der letzten 60 Jahre haben ihm jedoch mehr als Recht gegeben.

Abb. 63 (folgend): Stark ausgeprägte Gletscherschliffspuren neben den Inka-Ruinen von Saqsaywaman nördlich von Cusco (Peru). Dieser imposante Aufschluß liegt in ca. 3.500 Höhe und ist über 500 km entfernt von den nächsten heutigen Gipfelgletschern in Bolivien.

Abb. 63

An der Westküste Norwegens waren es die sich seewärts bewegenden Talgletscher, die die Täler an der Küste U-förmig aushobelten und so die pittoresken Fjorde formten mit Ihren sehr steilen und hohen Talwänden (Abb. 64). Die Beispiele der Abb. 54, 55, 57-61, 63 und 64 sind nur einige wenige der zahlreichen Zeugen und Formen eiszeitlichen Ursprungs, die die sehr weite Ausdehnung des Inlandeises während den letzten Eiszeiten belegen (s. Abb. 56). Es sind unvorstellbar riesige Eisvolumina und Distanzen des Eisrückzuges nach der letzten Eiszeit seit ca. 12.000 Jahren, die die aktuell hysterisch diskutierten und als katastrophal betitelten Eisrückgänge, z.B. der Alpen, als nahezu nichtig erscheinen lassen, was nicht die katastrophalen Folgen des damit verbundenen Meeresspiegelanstiegs für küstennahe moderne Ansiedlungen verharmlosen soll. Der eiszeitliche Jäger und Sammler und später der Landwirtschaft und Tierzucht treibende jungsteinzeitliche und bronzezeitliche Mensch, konnte leicht dem ansteigenden Meer aufs Hinterland ausweichen, so z.B. aus dem überfluteten Doggerland (Abb. 48). Seit Beginn der ortsgebundenen Ansiedlung des

Menschen in befestigten Hafen- und Küstenstädten ist ein flexibles Ausweichen aber nicht mehr möglich. So muß es schon den Hochkulturen im südöstlichen Mesopotamien (Zweistromland) passiert sein, die ihre Städte verlassen mußten, die heute versunken in bis zu 60 m Wassertiefe im Persischen Golf liegen (Abb. 49, z.B. BUCHNER & BUCHNER 2011). Auch den Bewohnern des sagenumwobenen Atlantis, wo immer es auch versunken sein mag, wird es nicht anders ergangen sein.

Abb. 64 (folgend): Sich seewärts bewegende Talgletscher der letzten Eiszeiten hobelten die Täler an der Westküste Norwegens U-förmig aus und schafften so die pittoresken Fjorde mit Ihren sehr steilen und hohen Talwänden.

Abb. 64

In anderen Regionen, z.B. im Kaukasus, auf Grönland, in der **Antarktis**, sind die Gletscher, bzw. Eismassen, stabil oder breiten sich wieder aus. Seit den 1990er Jahren wird auf der antarktischen Halbinsel eine leichte Abkühlung von ca. 0,5°C beobachtet, in Verbindung mit einem leichten Zuwachs der Eisbedeckung. Im westlichen Bereich der Antarktis, wo es nur wenige Forschungsstationen gibt, lässt sich ebenfalls eine leichte **Abkühlung** feststellen. Die deutsche Antarktisstation Neumayer III befindet sich in der nördlichen Ostantarktis, wo die Temperaturen seit den 1950er Jahren recht stabil sind, wie auch die Eismassen. Die Temperaturen sind in den letzten Dekaden sogar leicht gefallen (Abb. 65), bzw. die **Eismassen zeigen einen merklichen Zuwachs**. Die Neumayer-Station III, eine Einrichtung des Alfred-Wegener-Instituts, ist benannt nach dem deutschen

Geophysiker Georg von Neumayer. Sie befindet sich auf einem ca. 200 Meter dicken Schelfeis und treibt mit dem sich bewegenden Schelfeis in Richtung offenes Meer. KÜPPERBUSCH (2015) stellte ebenfalls eine Abkühlung der Sommer-Lufttemperaturen der Troposphäre bei ihrer Auswertung der täglichen Radiosonden-Aufstiege von 1983 bis 2014 über den Neumayer-Stationen fest. Auch die Winterwerte zeigen einen Trend zu niedrigeren Temperaturen, der erstaunlicherweise in der Literatur als „nicht signifikant" betitelt wurde. Interessanterweise sinken die Oberflächentemperaturen des Südmeeres, südlich des 45. Breitengrades, ebenfalls kontinuierlich seit den letzten drei Dekaden. Das Abbrechen riesiger Schelfeisflächen von der Antarktis ist übrigens absolut kein singuläres Ereignis der Gegenwart, sondern normaler Teil des Schnee- und Eis-Kreislaufes der Antarktis.

Abb. 65 (folgend): Zeitreihe (1980-2015) der Jahresmitteltemperaturen an der küstennahen Neumayer-Station III in der nördlichen Ostantarktis. Quelle: Wetter und Klima – Deutscher Wetterdienst – Thema des Tages - Die Neumayer-Station – Teil 2: Das Klima (dwd.de).

Abb. 65

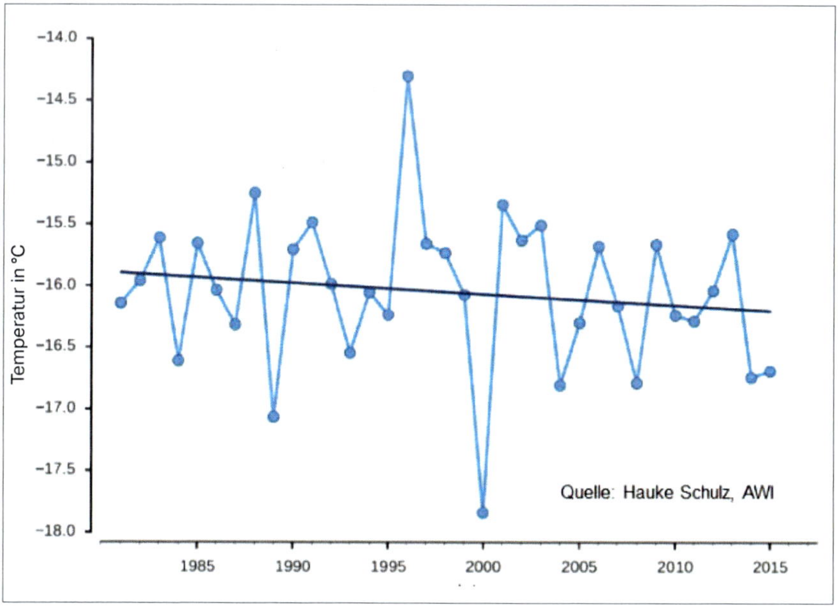

Laut eines Berichts des NASA Earth Observatory vom 6. Juni 2019 **wächst der Jakobshavn-Gletscher** auf **Grönland** kontinuierlich seit 2016. Der nur rund 800 Jahre alte Kilimandscharo-Gletscher (Tansania) stabilisiert sich gegenwärtig immer wieder infolge zunehmender Niederschläge in den Tropen, die in seiner Gipfelregion als Schnee fallen. Dass das heutige Gletschereis des Kilimandscharo nur ein max. Alter von ca. 800 Jahren aufweist (UGLIETTI et al. 2015), zeigt, dass es davor deutlich wärmer als heute gewesen sein muss, was schon damals, weit in „vorindustrieller" Zeit, zu einer eisfreien Kuppe des Kilimandscharo geführt hatte. Diese Zeit vor 800 Jahren entspricht der wärmeren Periode des Hochmittelalters (s. Abb. 20-22) mit höherer Sonnenaktivität, die auch in den Alpen zu einem vorübergehenden Rückziehen der Gletscher geführt hatte. Wie schon gesagt, Temperaturereignisse der Klimawechsel sollten nicht nur in Zehner oder Hunderten von Jahren betrachtet werden, sondern mindestens auch in Tausenden bzw. Zehntausenden von Jahren.

Bei den Diskussionen zum Klimawandel sollte man vor Augen haben, dass die heute vereisten Gebiete der Hochgebirge, Grönlands, der Arktis und Antarktis nur einen Rest, bzw. Überbleibsel der riesigen Eismassen der vergangenen Eiszeit beherbergen. Rechnet man alle heutigen Eisvolumina zusammen (Inlandgletscher: ca. 170.000 km³ (DAVIS 2019), Grönland: ca. 2.900.000 km³ (POLARPORTAL 2019), Arktis: ca. 28.000 km³ (PIOMAS 2019), Antarktis: ca. 27.000.000 km³ (AMOS 2013)), so ergibt dies ein aktuelles globales Eisvolumen von rund **30 Millionen km³**. Um einen Vergleichswert zu haben, WILLIAMS & HALL (1993) bestimmten das aktuelle Eisvolumen auf der Erde mit ca. 33 Millionen km³.

Abb. 66 (folgend): Verhältnis der Land- und Meeresflächen der Erde während eines Kaltzeit-/Eiszeit- Maximums, der heutigen Zwischenwarmzeit (Interglazial des Holozäns) und einer Erde ohne Eisbedeckung. Die Landoberfläche der Erde betrüge demzufolge ca. 37 % bei Kaltzeit- Maximum, heute ca. 29,1 % und nur ca. 25 % bei einer völlig eisfreien Erde (nach WILLIMAS 1993).

Abb. 66

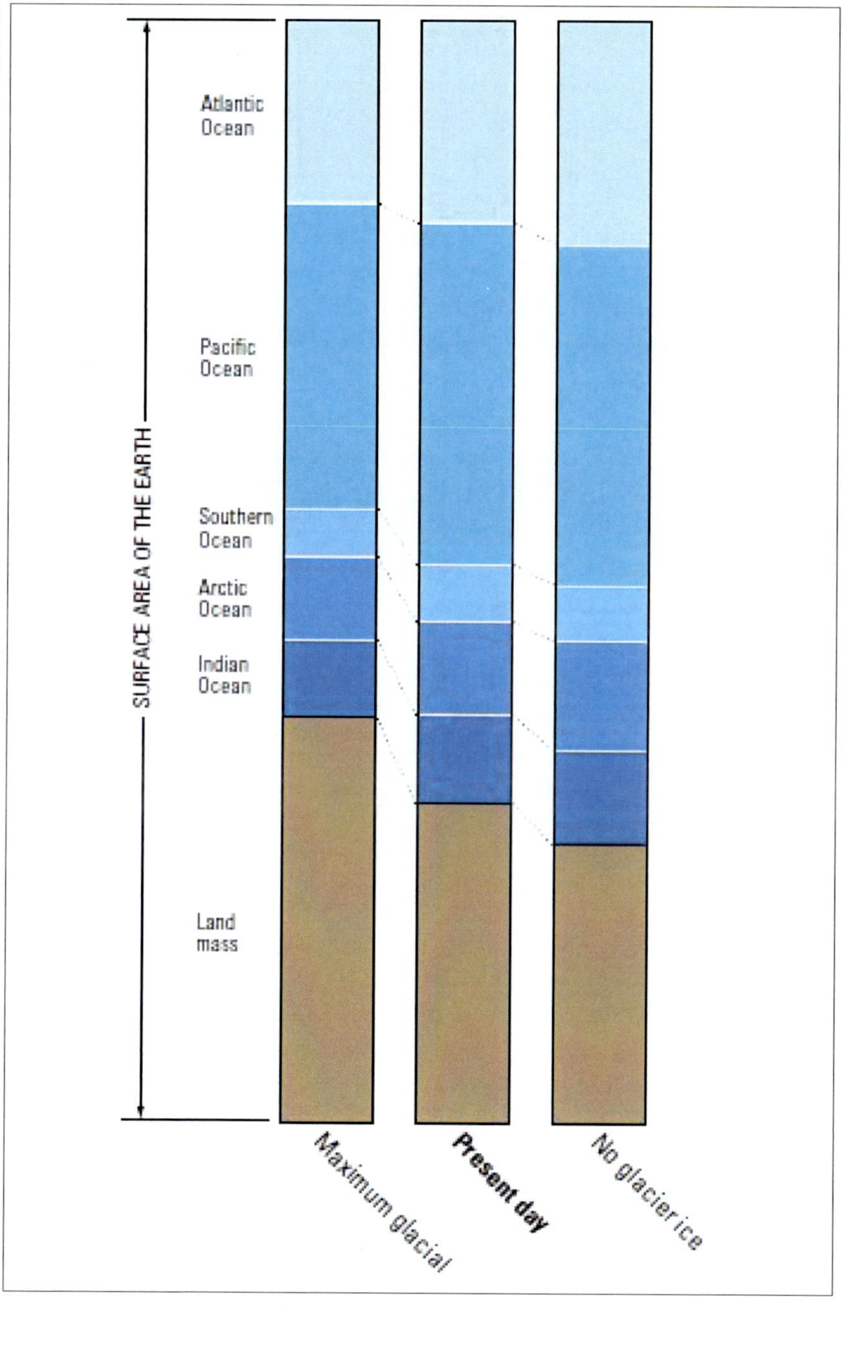
SURFACE AREA OF THE EARTH
Atlantic Ocean
Pacific Ocean
Southern Ocean
Arctic Ocean
Indian Ocean
Land mass
Maximum glacial
Present day
No glacier ice

Abb. 66 zeigt die unterschiedlichen Verhältnisse der Land- und Meeresflächen der Erde während eines Kaltzeit-/Eiszeit-Maximums, der heutigen Zwischenwarmzeit (Interglazial des Holozäns) und einer hypothetischen Erde ohne Eisbedeckung. Wie schon erwähnt, hat die Erde eine Oberfläche von ca. 510 Millionen km^2, wovon heute ca. 70,7 %, d.h. ca. 361 Millionen km^2, die Ozeane einnehmen. Das gesamte Wasservolumen der Erde wird auf 1,4 Milliarden km^3 geschätzt. Während der letzten Eiszeit betrug der Oberflächenanteil der Weltmeere jedoch nur ca. 63 % (s. Abb. 66), bzw. entsprechend ca. 321 Millionen km^2. Geht man von einem Meeresspiegelunterschied seit der letzten Eiszeit von 130 m aus, und bezieht man sich, die Rechnung vereinfachend, auf einen Mittelwert der eiszeitlichen und der heutigen Oberfläche der Ozeane ((321+361)/2=341), so entspricht dies einer Wassermenge von ca. 44 Millionen km^3 (341x0,130), die seit dem Höhepunkt der letzten Eiszeit den Ozeanen verloren gegangen ist, was einem Eisvolumen von rund 49 Millionen km^3 entspricht, da Wasser beim Gefrieren um ungefähr 1/11 an Volumen zunimmt. Bei dieser vereinfachten Überschlagsrechnung bleibt unberücksichtigt, dass abschmelzendes Meereis (z.B. der Arktis) kaum eine Meeresspiegelerhöhung verursacht, da Eis eine geringere Dichte als Wasser hat, was bedeutet, dass gefrorenes Wasser (Eis) an der Meeresoberfläche schwimmt und dabei genauso viel Wasservolumen verdrängt (unter der sichtbaren Spitze des Eisberges), wie es selbst als Wasser (im flüssigen Zustand) einnehmen würde.

Ohne das Volumen eines sehr wahrscheinlich noch vorhandenen Resteises am Ende der Eem-Warmzeit (dem letzten Interglazial vor 126-115.000 Jahren) zu berücksichtigen, zeigt sich bei einem einfachen Vergleich der heute noch vorhandenen restlichen Eisvolumina (ca. 30 Mio. km^3) mit dem theoretischen gesamten Eisvolumina (30+49 Mio. km3 = ca. **79 Millionen km^3**) der letzten Eiszeit, dass diese Eisvolumina der letzten Eiszeit mehr als das **doppelte** der heutigen Resteisvolumina betrugen. D.h. seit dem Kältemaximum der letzten Eiszeit vor ca. 20.000 Jahren ist mehr als die Hälfte dieser eiszeitlichen Eismassen verschwunden. Am stärksten betroffen davon waren die während der letzten Eiszeit weitverbreiteten kontinentalen Eismassen der Nordhalbkugel südlich des Polarkreises (ca.

66,5° nördlicher Breite), die heute nahezu komplett fehlen (s. z.B. Abb. 56). Auch dieser sehr vereinfachte Eisvolumenvergleich lässt das für die Fotosynthese der Pflanzen so wichtige CO_2-Spurengas als Ursache für die „Klimaerwärmung“ ausscheiden. Da waren, bzw. sind stärkere Kräfte am Werk – u.a. die sich zyklisch ändernde Stärke der Sonnenstrahlung aufgrund unterschiedlicher Entfernungen der Erde von der Sonne, überlagert von weiteren astrophysikalischen Faktoren der schwankenden Schiefe und dem periodischen Trudeln der Erdachse, wie auch der dazu vergleichsweise deutlich kürzeren heliophysikalisch bedingten Zyklen der Sonnenaktivität.

Diese Diskussion des sich zyklisch verändernden Verhältnisses von Land-, Wasser- und Eismassen abschließend, sollte ein Ausblick in die Zukunft gewagt werden. Analog dem Rhythmus der Marinen Isotopen-Stadien (MIS, s. Abb. 4) wird die Erde auch in der Zukunft immer wieder „Wechselbädern“ von Warm- und Kaltzeiten unterliegen. Die aktuelle Warmzeit des Holozän-Interglazials hält nun schon seit rund 12.000 Jahren an. D.h., das nächste Abtauchen in die Kälte steht bevor. Während der kommenden, nächsten kleinen Kälteperioden und großen Eiszeiten werden sich vor allem auf der festlandreichen Nordhalbkugel die arktische und die subarktische Klimazone wieder weiter nach Süden ausdehnen. Damit verbunden wird auch die Zone der Permafrostböden und die sich nach Süden anschließenden Gebiete mit mittleren Temperaturen unter 10°C, die beide keine Landwirtschaft zulassen, auch Zentraleuropa wieder erfassen, wie schon während der letzten Eiszeit (s. Abb. 56). Der Hintergrund dafür ist, dass die meisten Pflanzen bei anhaltenden Temperaturen unter +5°C ihren Wuchs, bzw. die Zellteilung, einstellen. In Mitteleuropa erfolgt die Hauptvegetationsperiode, bei der der Großteil der Pflanzen CO_2 assimiliert, sprich Photosynthese stattfindet, bei Temperaturen über 10°C. Dies wird zur Folge haben, dass sich die nutzbaren Agrarflächen deutlich reduzieren werden. Gleichzeitig werden sich auf der Nordhalbkugel auch die möglichen Siedlungsflächen reduzieren aufgrund der Zunahme der kontinentalen Schnee- und Eismassen. Diese Situation wird natürlich in gewisser Weise entspannt werden durch Gewinnung neuer, wenn auch letztlich nur temporärer Siedlungsflächen infolge des Absenkens der Meeresspiegel um deutlich über 100 Meter aufgrund der Bindung gefrorenen

Wassers auf der Antarktis und in den kontinentalen Gebirgen über 1.000 m Höhe der mittleren geographischen Breiten der Nordhalbkugel. (s. Abb. 56). An Bilder, bzw. Situationen, wie zum Beispiel in Abb. 67 gezeigt, werden wir uns dann dauerhaft gewöhnen müssen.

Abb. 67-A (folgend): An der Jahreswende 1978/1979 führten starke Schneefälle und Schneeverwehungen im Norden der beiden damaligen deutschen Republiken zu chaotischen Notsituationen für Verkehr, Logistik und Energieversorgung. Foto: tiefverschneite Bundesautobahn A7; @ picture-alliance/dpa; ***67-B***: Extreme Kälte und langanhaltende Schneefälle durch starken Wintereinbruch im Februar 2021 in den USA (bis nach Texas), Foto: 13.02.2021, Interstate 705 in Tacoma, Staat Washington; The Guardian / Joshua Bessex/AP.

Abb. 67

Aus dem Schneechaos während des Jahreswechsels 1978/1979 sollte die Lehre gezogen werden, dass damals z.B. in der DDR die Stromversorgung durch Braunkohlekraftwerke in weiten Teilen des Landes, vor allem in Thüringen, zusammenbrach. Das Kernkraftwerk in Greifswald hingegen, konnte das Land weiterhin mit Strom versorgen. Wohl dem, der während solchen meteorologischen Extremsituationen seinen Strom aus Gasturbinenkraftwerken beziehen kann, die an Erdgaspipelines angeschlossen sind, oder aus Kernkraftwerken der europäischen Nachbarn. Abgesehen von ökologischen und ökonomischen Aspekten der extrem energieintensiven, unter hohen Drücken Verflüssigung von Gas zu LPG („Liquefied Petroleum Gas“) für dessen Transport in riesigen LPG- Tankschiffen, kann es bei extremen Kälteeinbrüchen mit teilweiser Vereisung von küstennahen

Meeresgebieten und den dort befindlichen Häfen, auch schnell zu Lieferunterbrechungen bei der Versorgung über See von Flüssiggas kommen. Wie wird es dann bei extremen Wintereinbrüchen mit der Solar- und Windenergie in Zentraleuropa bestellt sein? Von schneebedeckten Solarpanels und eingefrorenen, oder wegen Sturm abgeschalteten Windrädern kommt dann ebenfalls kein Strom. Und wie hoch ist eigentlich die Standfestigkeit von „offshore“ Windkraftanlagen bei Packeis?

10: Treibhauseffekte und Treibhausgase

Es besteht kein Zweifel darüber, dass wir die lebensermöglichenden Temperaturen auf unserer Erdoberfläche wesentlich der Existenz der Erdatmosphäre zu verdanken haben. Ohne sie und ihre charakteristische Zusammensetzung, wäre die mittlere Durchschnittstemperatur auf der Erde mindestens 30°C geringer. Ein Leben von Pflanzen und Tieren, wie wir es heute kennen, wäre dann nicht möglich. Die Planeten und Monde unseres Sonnensystems zeigen uns deutlich, über ihre sehr verschiedenen Atmosphären, wie einzigartig unsere Erdatmosphäre ist. Weiter oben wurde z.B. die für das Leben, in unserem Sinne, sehr lebensfeindliche (tödliche) Atmosphäre unseres Nachbarplaneten Venus beschrieben. Nicht in der jüngsten Erdgeschichte, und schon gar nicht bei einer theoretischen anthropogenen Vervielfachung des CO_2-Gehaltes in der Erdatmosphäre, werden sich solche lebensfeindlichen Konditionen auf der Erde einstellen, ganz zu schweigen von der „opaken" Wolkendecke aus Schwefelsäure der Venus. Es ist deshalb absolut nicht korrekt, die Temperaturverhältnisse auf der Venus mit ihrer fast reinen CO_2-Atmosphäre ohne Wolkendecken aus Wasserdampf heranzuziehen als vermeintlicher Beweis für eine postulierte singuläre Bedeutung des CO_2 für den Klimawandel. Der Vergleich der Temperaturentwicklung der Erde mit den Erwärmungsvorgängen in einem **Gärtnereitreibhaus** (geschlossenes Glashaussystem) ist eine grobe Vereinfachung und physikalisch eigentlich nicht zulässig. Die Atmosphäre ist kein geschlossenes System und hat keine geschlossene Glashülle wie ein Gewächshaus (s. Abb. 1). Auch wenn man das sehr vereinfachte Treibhaus-Modell benutzen möchte, ist das maßgebende „Treibhausgas" der **Wasserdampf**, der in der Erdatmosphäre bis zu mehrere Volumen-% betragen kann. Dahingegen ist CO_2 mit seiner heutigen mittleren Konzentration von 410 ppm (= 0,04 Volumen-%) ein **Spurengas** der Atmosphärenluft und seine postulierte große Bedeutung bzgl. einer Erwärmung der Atmosphäre aufgrund von Konzentrationsänderungen von nur wenigen Hundert ppm, die deutlich geringer sind als die des Wasserdampfes, vielmehr vollkommen vernachlässigbar.

Abb. 68 (folgend): Was sind 410 ppm des Spurengases CO2? Dimensionsvergleich an Hand eines Luft-Gigawürfels von 1 m³ Größe (mit Kantenlänge 1 Meter). Die CO2-Konzentration von 410 ppm (410 Teile pro Million Teile) entsprächen ungefähr dem Volumen von 410 Spielwürfelchen von 1x1x1 cm³ Größe (weißer Würfel bzw. Quadrat) in einem Gigawürfel mit 100 cm x 100 cm x 100 cm Kantenlängen mit 1.000.000 Spielwürfelchen von 1 cm³ Größe.

Abb. 68

Was sind eigentlich **410 ppm** (= "parts per million" = Teile pro Million Teile)? Falls man nicht gewohnt ist, tagtäglich in Konzentrationsbereichen von Spuren im ppm-Bereich zu denken, mag es vielleicht schwierig sein, sich die Dimension von 410 ppm vorzustellen. Man stelle sich deshalb einen 1 m^3 großen Würfel (100x100x100 cm^3) vor, d.h. einen Mega-Riesen- Würfel, der aus einer Million Spielwürfelchen von einem Volumen von 1 cm^3 besteht (Abb. 68). In diesem Vergleich würden rund 781.000 Spielwürfelchen aus Stickstoff (N_2), ca. 20.900 Spielwürfelchen aus Sauerstoff (O_2), ca. 9.000 Spielwürfelchen aus dem Edelgas Argon (Ar) und im Mittel 4.000 Spielwürfelchen aus Wasserdampf bestehen, und nur 410 Spielwürfelchen aus CO_2. Man könnte auch sagen, der CO_2-Gehalt entspräche einem Würfel von etwa 7,4 cm Kantenlänge (d.h. etwas größer als der berühmte Zauberwürfel) in einem Mega-Würfel von einem Meter Kantenlänge (weißer Würfel bzw. Quadrat in Abb. 68 zum Vergleich). 410 ppm entsprechen einer vernachlässigbaren, d.h. extrem geringen Konzentration des farblosen Gases CO_2. Um es vielleicht noch deutlicher an Hand eines zweidimensionalen Beispiels zu machen: bei einem 1 km (oder 1.000.000 mm) langen Pfad, würden 410 ppm CO_2 der Länge eines ausgewachsenen Fußes von 410 mm Länge, d.h. einem einzigen Fußstapfen, entsprechen. In der „vorindustriellen" Zeit wäre es dann, bei 280 ppm CO_2-Gehalt, nur die Länge eines Kinderfußes gewesen.

410 Spielwürfelchen aus CO_2 sind nicht einmal die Hälfte mehr als die 280 Spielwürfelchen CO_2 (oder 280 ppm CO_2) aus „vorindustrieller" Zeit (vor 1850). Auch wenn es die doppelte Anzahl (oder 560 ppm CO_2) von CO_2-Spielwürfelchen wäre, hätte dies kaum Einfluss auf das Erdklima. Um bei dem Beispiel des Würfels zu bleiben, die Atmosphäre unseres Nachbarplaneten Venus besteht zu über 96 % CO_2, also fast völlig aus CO_2. D.h. mehr als 960.000 von 1.000.000 Spielwürfelchen wären aus CO_2, bzw. fast der komplette Mega- Würfel von 1 m Kantenlänge. Das ist absolut nicht vergleichbar mit den 410 CO_2-Spielwürfelchen von 1 cm^3 Größe in unserer Atmosphäre! Auch Sprudel hat deutlich mehr gelöstes CO_2, nämlich 6-8 Gramm pro Liter Wasser (oder 6.000-8.000 ppm), d.h. mehr als das 15-20-fache der CO_2-Konzentration der Erdatmosphäre. Erwärmt sich das Wasser, wie z.B. die Sprudelflasche im Sommer, oder

verringert sich der Wasserdruck beim Öffnen der Flasche, kann das Wasser das gelöste CO_2 nicht mehr in Lösung halten und es entweicht. Ähnliches passiert auch im Wasser der Ozeane, die bei Erwärmung im Wasser gelöstes CO_2 an die Atmosphäre abgeben. Nicht unterschätzen sollte man auch, dass die Ausatemluft bis zu 5 % (= 50.000 ppm, oder 50.000 Spielwürfelchen) CO_2 enthält.

Das Atmosphären-Modell eines Treibhauses ist klimatologisch nicht korrekt, da die Erdatmosphäre, die u.a. aus Tropo- und Stratosphäre besteht (Abb. 1), kein geschlossenes System ist, wie ein Gewächshaus, sondern nach oben (in Richtung Ionosphäre) offen ist. Vor allem gibt es immer mehr Erkenntnisse über starke Rückkopplungseffekte zwischen Stratosphäre und Troposphäre. Und auch wenn man ein sehr vereinfachtes Modell des Treibhauses betrachtet, ist es der Wasserdampf der Atmosphäre, der die Hauptrolle bei der Temperaturentwicklung spielt, und nicht 410 ppm (Teile pro Million) des Spurengases CO_2 in der Luft. Das von uns wahrgenommene Wettergeschehen erfolgt vorwiegend in der bis zu 16 km hohen erdnahen Troposphäre. Wenn hier etwas Treibhauseffektähnliches unser Wetter beeinflusst, dann sind dies vor allem die Wolkendecken aus kleinsten Wasser-Tröpfchen oder winzigen Eiskristallen, die einen gewissen Abschluss über den bodennahen Luftschichten bilden und z.B. in einer Winternacht in unseren Breiten eher die Tageswärme halten, während es bei sternenklarer Winternacht ohne Bewölkung eisig kalt wird.

Ein anderes Beispiel für den Einfluss der Wolkendecken auf die Tagestemperaturen zeigen typische Inversionswetterlagen, wenn in der kälteren Jahreszeit über dem Wolkenmeer auf den Bergen die Sonne die Luft erwärmt, wohingegen es unter der Wolkendecke (z.B. im Oberrheintal, s. Abb. 55) kälter ist als oberhalb der Wolkendecke (tagsüber bei Sonnenschein). Nachts ist es dann eher umgekehrt. Wie oben schon erwähnt, hat die kosmische Strahlung, wie auch die feinen Aschenstäube zahlreicher Vulkanausbrüche (s. Abb. 73), einen bedeutenden Einfluss auf die Wolkenbildung und somit auf die erdnahen Temperaturen. Bemerkenswert ist, dass bei Filmbeiträgen zum Klimawandel bzw. zur Verdeutlichung des „bösen" CO_2-Ausstoßes irreführenderweise immer wieder Kühltürme gezeigt werden, aus denen vor allem weißer Wasserdampf aufsteigt. Je nach Sonnenstand und Aufnahmestandort wird dieser harmlose Wasserdampf dann suggestiv als bedrohlich dunkelgraue bis schwarze anthropogene CO_2-Giftwolke präsentiert.

Die anthropogen verursachte Erhöhung des CO_2-Gehaltes in der Erdatmosphäre wird auf 3 % der genannten 410 ppm CO_2 geschätzt. 410 ppm sind in Wirklichkeit eine vernachlässigbar kleine Menge und entsprechen nicht einmal einer Verdoppelung der CO_2-Konzentration von 280 ppm in „vorindustrieller" Zeit entspricht. Ähnlich verhält es sich mit dem **Methan** der wiederkäuenden Rinder und anderer Nutz- und Wildtiere, das immer wieder im Zusammenhang mit dem vermeintlichen Treibhauseffekt erwähnt wird. Seine Konzentration in der Luft liegt im Mittel unter 2 ppm. Auch wir Menschen emittieren Methan! Methan hat übrigens eine Halbwertszeit von rund 10 Jahren, was bedeutet, dass sich dieses Gas nicht in der Atmosphäre über lange Zeiträume aufkonzentriert, sondern sich auch wieder in relativ kurzer Zeit kontinuierlich abbaut. Bei dem **Spurengas** Methan von einem „gefährlichen" Treibhausgas zu sprechen ist absolut irreführend, zumal es nur in einem sehr kleinen Wellenlängenbereich Strahlung absorbieren kann (s. Abb. 69 und 2, wie auch die Diskussion weiter unten).

Den Gesetzen der Thermodynamik und der Wärmelehre folgend, steigt erwärmte Luft auf. Typische Beispiele hierfür sind die großen Greifvögel und Segelflugzeuge, die sich in der Luftthermik kreisend nach oben tragen lassen. D.h., warme Luft steigt ungebremst auf bis in höchste Luftschichten, während sich schwerere kalte Luft in den Talsenken hält. Letzteres macht sich vor allem im Winter bemerkbar wie oben erwähnt. Auch das durchsichtige CO_2 oder andere Spurengase der Erdatmosphäre unterliegen den Gesetzen der Thermodynamik und können erwärmte Luft nicht daran hindern aufzusteigen. D.h., das Spurengas CO_2 kann keinen Wärmestau verursachen und die untere Atmosphäre besonders erwärmen. Dem Aufstieg Einhalt gebieten können nur Grenzflächen von Stoffen unterschiedlicher Dichte bzw. unterschiedlicher chemischer Zusammensetzung, wie z.B. das geschlossene Glasdach im Gewächshaus. Solche

Phasengrenzen hindern die warme Luft quasi mechanisch am Aufsteigen (wie bei einem Glasdach) oder werfen sie durch Reflexion (wie bei einem Spiegel) zurück. In der Atmosphäre sind es die **Wolken**, bestehend aus kleinsten Wasser-Tröpfchen oder winzigen Eiskristallen, die eine Phasengrenze zur gasförmigen Luft bilden und aufsteigende warme Luft aufhalten. Gerade im infraroten Wellenbereich verlieren die Atmosphärengase CO_2 und Methan mit zunehmender Feuchtigkeit (zunehmendem Gehalt an Wasserdampf) an Absorptionsvermögen bis hin zum völligen Erliegen kommen beim Vorhandensein „opaker" Wolkendecken.

So wie die Wolken (kleinste Wasser-Tröpfchen oder winzige Eiskristalle) den Blick auf die Erde verwehren (Abb. 24), so beeinträchtigen diese auch den Einfall der Wärmestrahlung auf die Erdoberfläche. An den Wolkenoberflächen fördern diese ebenfalls die Reflexion der Wärmestrahlung zurück ins Weltall. Dadurch wird die Sonnenstrahlung, die die Erdoberfläche erreicht, ebenfalls reduziert und somit auch die mögliche Wärmerückflussmenge von der Erdoberfläche zurück ins Weltall. Ähnliches verursachen auch um die Welt ziehende Aerosol- Fahnen (aus feinsten Vulkanaschen, z.B. Abb. 73) nach größeren Vulkanausbrüchen. Der Blick auf die Erde, und von der Erde ins Weltall, wird bei klarer Sicht nicht beeinträchtigt, egal wie hoch die Konzentration des durchsichtigen CO_2 in der Luft ist. Dies gilt sowohl für die Wärmeeinstrahlung auf die Erde, als auch die Wärmerückstrahlung von der Erde (s. Abb. 2 und Thema des Atmosphärischen Fensters).

Der **CO_2-Gehalt** der Erdatmosphäre unterlag in der Erdgeschichte deutlichen Schwankungen. Zum Beispiel war er in Kreidezeit (vor mehr als 70 Millionen Jahren) ca. 8-mal höher als heute. Am Ende der Triaszeit (vor ca. 230-200 Millionen Jahren) verringerte sich der CO_2-Gehalt der Erdatmosphäre innerhalb von 30 Millionen Jahren von ca. 4.500 ppm auf ca. 2.000 ppm. Zu Beginn der Jura-Zeit (vor ca. 200 Millionen Jahre) stieg er erneut an auf ca. 4.000 ppm. Dies wird in Zusammenhang gebracht mit starken untermeerischen vulkanischen Aktivitäten im Zuge des Aufreißens des Atlantischen Ozeans (SCHALLER et al. 2015). In der letzten Eem-Interglazial-Warmzeit war die mittlere Lufttemperatur gut 2-4°C wärmer als heute und der Meeresspiegel bis zu 6-9 m höher als heute (s. auch Kapitel 9). Der CO_2-Gehalt lag damals aber nur bei 270-290 ppm (s. Abb. 3).

Abb. 69 (folgend): Darstellung der Wellenlängenbereiche (x-Achse: in µm), in denen verschiedene Gase der Erdatmosphäre langwellige Wärmestrahlung absorbieren können (s. auch Abb. 2). Aufgrund der sehr begrenzten Wellenlängenbereiche bzgl. einer Energieaufnahme des CO_2 (begrenzter noch Methan), kann dieses im postulierten Treibhausmodell nur eine sehr untergeordnete Rolle spielen im Vergleich zum Wasserdampf. X-Achse: Absorptionsvermögen jeweils von 0 (oben) bis 100% (unten); Quelle: HARTMANN (2015).

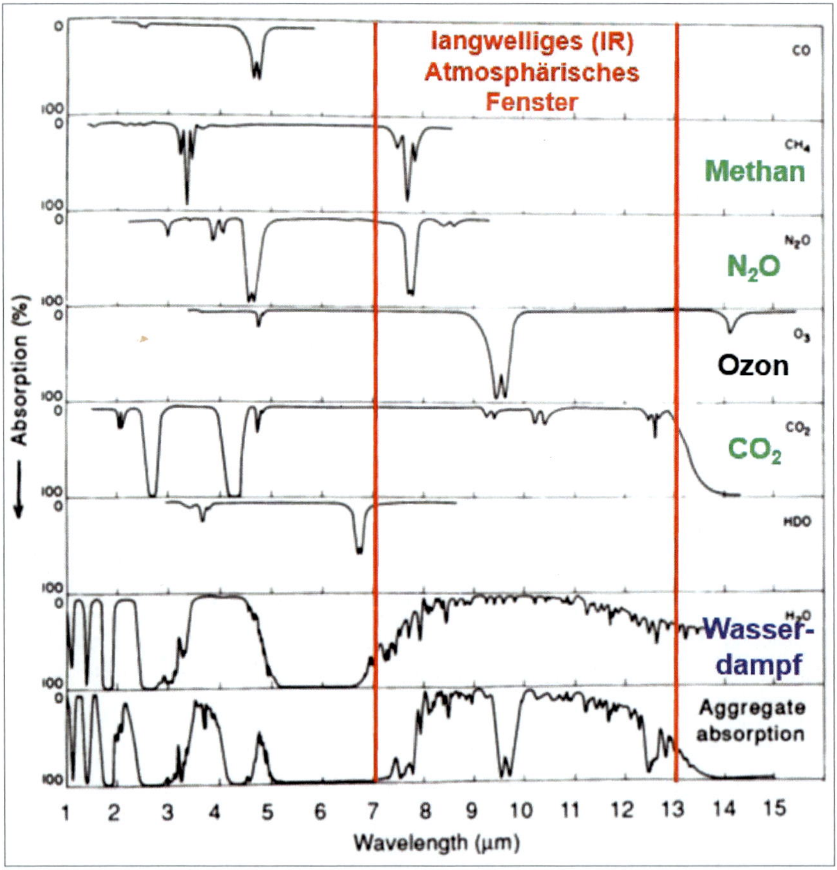

Abb. 69

Wie eingangs erwähnt, hatte sich die Atmosphäre seit dem Ende der letzten Eiszeit vor 11.700 Jahren bis zum Beginn des Atlantik-Wärmeoptimums vor 8.000 Jahren, um ca. 1,5- 4°C erwärmt (s. Abb. 6 und 47). Die CO_2-Konzentrationen der Atmosphäre verringerten sich in diesem Zeitraum jedoch von ca. 270 ppm (d.h. einem fast gleichen Wert, der heute als Referenzwert für die CO_2-Gehalte in „vorindustrieller" Zeit postuliert wird) auf ca. 250 ppm (Δ-20°C) und stieg danach, in den nächsten 8.000 Jahren, kontinuierlich auf den „vorindustriellen" Wert von 280 ppm an (INDERMÜHLE et al. 1999). Auch diese gerade genannte CO_2-Abnahme von ca. 20 ppm, während der die Temperatur mehrere Grad Celsius zugenommen hatte, weist ebenfalls auf ein Nachlaufen des CO_2 hinter der Temperaturentwicklung am Ende der letzten Eiszeit.

Die primäre Abhängigkeit der globalen Temperatur vom CO_2-Gehalt ist naturwissenschaftlich nicht eindeutig bewiesen, bzw. physikalisch nur sehr begrenzt möglich, auch wenn CO_2 langwellige Wärmestrahlungen im Wellenlängenbereich von 13,4 bis 17 µm stark absorbieren kann, wie auch in den Wellenlängenbereichen bei ca. 2,8 µm und von ca. 4,2 bis 4,5 µm (Abb. 69 und Abb. 2), nicht jedoch im Wellenlängenbereich von ca. **7 bis 13 µm**, dem langwelligen Bereich des **Atmosphärischen Fenster**, über den der Hauptanteil der Wärmerückstrahlung der Erde wieder ins Weltall entweichen kann. Das Absorptionsvermögen des Spurengases Methan ist an zwei sehr begrenzte enge Wellenlängenbereiche (bei ca. 3,3 und 7,7 µm) gebunden (Abb. 69 und Abb. 2). Der Wellenlängenbereich von 10,5 - 12,5 µm wird auch als Wasserdampffenster bezeichnet und kann eigentlich nur von „opaken" Wolkendecken geschlossen werden, auf alle Fälle weder von CO_2 noch von Methan. Außerhalb des Atmosphärischen Fensters absorbiert der Wasserdampf über weite Wellenlängenbereiche bereits den größten Teil der rückstrahlenden langwelligen Wärmeenergie, bevor das CO_2 und andere Spurengase, auch mit hypothetisch noch höheren Konzentrationen, in ihren engen Wellenlängenbereichen aktiv werden können.

Richtig ist die Abhängigkeit des in Luft gelösten CO_2-Gehaltes von der Temperaturentwicklung auf der Erde. Wie weiter oben schon bemerkt, läuft die CO_2- Entwicklung (d.h. Zunahme oder Abnahme) der Temperaturentwicklung hinterher – nicht umgekehrt (Abb. 70 und 3). Auch wenn die anthropogene CO_2-Emission seit der Industriellen Revolution zugenommen hat, so hat sie doch kaum Einfluss auf die Temperaturentwicklung der Erdatmosphäre, der nicht im Rauschen der natürlichen Temperaturschwankungen unterginge. Zudem gibt es nach dem niederländischen Meteorologen und Nobelpreisträger Paul Josef Crutzen im Fach Chemie (spez. Atmosphärenchemie) von 1995 „schon so viel CO_2 in der Atmosphäre, dass in vielen Spektralbereichen die Aufnahme von CO_2 schon fast vollständig ist, und zusätzliches CO_2 spielt keine Rolle mehr". Dies beruht darauf, dass quasi das Absorptionsvermögen im CO_2-spezifischen Infrarotbereich schon so gesättigt ist, bzw. schon zur Jahrtausendwende war, dass eine weitere CO_2-Zunahme kaum noch eine Rolle spielt. Salopp gesprochen, ist diese Klima-Karte eigentlich schon länger ausgereizt.

CAILLON et al. (2003) zeigen am Beispiel der Vostock-Eiskerndaten, während einer Erwärmungsphase in der Riß-Kaltzeit vor ca. 237.500 Jahren, dass die CO_2-Konzentrationen der Lufttemperaturentwicklung um rund 800 Jahre hinterherhinken (Abb. 70 und Abb. 3). HANNON (2020) vergleicht die Temperatur- und CO_2-Konzentrationsdaten von Eisbohrkernen von Grönland mit denen aus der Antarktis (Abb. 71) und kommt zu dem Schluss, dass die CO_2-Konzentrationen auf Grönland eher kurzfristige Variationen zeigen, etwa in Zeiträumen von Hunderten von Jahren, während Bohrkerne aus der Antarktis eher längerfristige Entwicklungen aufzeigen, über Tausende von Jahren. Dies mag beeinflusst sein durch Unterschiede in der geographischen Lage (Breitengrade) und dem umgebenden Ozeanvolumen. Hinzu kommt, dass sich die CO_2-Konzentration auf Grönland mit den Jahreszeiten ändern. Durch die vermehrte Photosynthese der Pflanzen im Sommer (Verbrauch von CO_2) verringern sich die CO_2-Konzentrationen während den Sommermonaten. Auch im Verlauf der CO_2-Konzentrationen in Bohrkernen aus Grönland kann man erkennen, dass dieser dem Verlauf der Temperatur leicht nachläuft (Abb. 71). Diese regional unterschiedlichen CO_2-Entwicklungen, wie auch mathematische Betrachtungen von Temperatur/CO_2-Korrelationen der Atmosphäre und deren Regressionswerte, zeigen u.a. direkt, dass höhere

CO_2-Gehalte in der Erdatmosphäre nicht primär verantwortlich sind für Temperaturerhöhungen in der Atmosphäre.

Abb. 70 (folgend): CAILLON et al. (2003) zeigen am Beispiel von Vostock-Eiskerndaten, während einer Erwärmungsphase in der Riß-Kaltzeit vor ca. 237.500 Jahren, dass die CO_2-Konzentrationen der Lufttemperaturentwicklung um rund 800 Jahre hinterherhinken. Die Temperaturentwicklung basiert in dieser Darstellung auf δ^{40}Ar-Indexdaten als „Temperaturvertreter" („temperature proxy").

Abb. 70

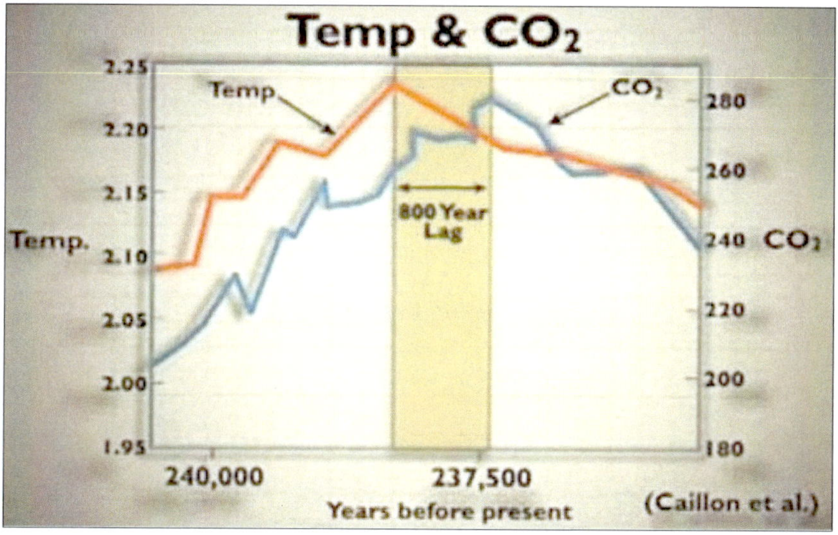

Im Kapitel 5 wurde die große Bedeutung der Ozeane und ihrer Oszillationen für die Temperaturentwicklungen der Erdatmosphäre diskutiert. Deshalb ist es wichtig näher auf das System Wasser – CO_2 einzugehen. Allgemein gilt, dass die **Löslichkeit von CO_2** in Wasser mit höherem Wasserdruck und niedriger Wassertemperatur steigt. Letzteres scheint ungewöhnlich zu sein, da wir aus dem täglichen Leben, z.B. beim Kochen, eher damit rechnen, dass sich Stoffe im Wasser besser lösen bei höheren Wassertemperaturen. In Kaltzeiten ist die Löslichkeit von CO_2 im dann kälteren Meerwasser höher als in Warmzeiten, wohingegen bei wärmeren Wassertemperaturen weniger CO_2 im Meereswasser gelöst werden kann, bzw. in Lösung bleiben kann. D.h., wenn sich das Wasser der Ozeane nach einer Kaltzeit langsam erwärmt, geben diese das CO2 an die Atmosphäre ab. Dieser Effekt wurde auch am Ende der letzten Eiszeit beobachtet, als die Atmosphärentemperaturen schon mehrere Grad Celsius anstiegen, während die CO2-Konzentration noch abnahm. Ein CO2-Ausgleich zwischen Wasser und Luft erfolgt auch in den höheren Breiten infolge der jahreszeitlichen Temperaturänderungen. Die Ozeane spielen dadurch eine bedeutende Rolle bei der Entwicklung des CO2-Gehaltes der Erdatmosphäre und haben einen großen Einfluss auf die Temperaturentwicklung der Erdatmosphäre.

Abb. 71 (folgend): Vergleich der CO2-Konzentrationen aus Eisbohrkernen der Antarktis (**blaue Linie**) und Grönlands (**grüne Linie** und Flächen) der letzten 50.000 Jahre (HANNON 2020). Erkennbar ist, dass die CO2-Konzentrationen in Bohrkernen aus Grönland dem Verlauf der Temperaturanomalien Grönlands (**rote Linie**) leicht nachlaufen. Die x-Achse zeigt die Jahrtausende vor heute.

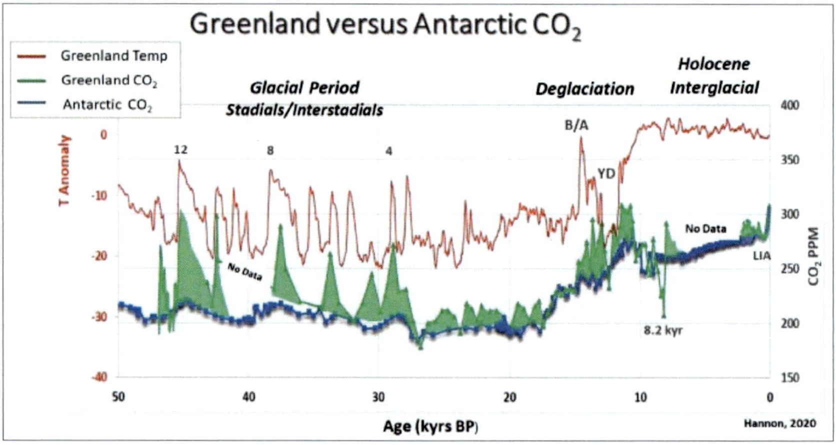

Abb. 71

Zur weiteren Verdeutlichung der Komplexität des CO2-Haushaltes der Erde sei kurz auf das Thema der **Karbonat-Kompensations-Tiefe (CCD Carbonte Compensation Depth)** in den Ozeanen hingewiesen, die fast 71 % der Erdoberfläche einnehmen. Karbonate (Kalke, CaCO3-haltige Gesteine) gelangen über die Verwitterung kalkhaltiger Gesteine in die

Ozeane, wie auch durch abgestorbene kalkhaltige Organismen der Ozeane selbst. Die Löslichkeit von CO_2 im Wasser der Ozeane nimmt mit der Tiefe, d.h. mit abnehmender Wassertemperatur und ansteigendem Wasserdruck, zu. Dies führt dazu, dass in großer Tiefe (4.000 – 5.000 m, je nach Region) alles Karbonat (überwiegend in Form des Minerals Calcit = $CaCO_3$) aufgrund der erhöhten CO_2-Konzentration gelöst ist. Dabei entsteht Calciumhydrogenkarbonat ($Ca(HCO_3)_2$), das CO_2 aufgenommen hat und selbst im Meerwasser gelöst bleibt gemäß folgender Formel:

$$\mathbf{CaCO_3\ (Calcit) + H_2O\ (Wasser) + CO_2 \leftrightarrow Ca^{2+} + 2 \times HCO_3^-}$$

Dies zeigt erneut, dass Ozeane große Mengen an CO_2 speichern können, dieses jedoch bei Erwärmung der Ozeane infolge stärkerer Sonneneinstrahlung auch wieder an die Atmosphäre abgeben können. Aus geologischer Sicht ist das Phänomen der Karbonat-Kompensations-Tiefe von großer Bedeutung, da man dadurch versteht, warum sich in den Ozeanen unterhalb der Karbonat-Kompensations-Tiefe keine marinen Kalksedimente mehr bilden können, sondern nur noch Tiefseetone.

Auch in der Atmosphäre sind die Konzentrationsänderungen von H_2O (Wasserdampf) und CO_2 miteinander gekoppelt, und verändern sich ebenfalls vom Äquator zu den höheren Breiten, vielleicht ähnlich wie das Ozon (s. weiter unten). Wie oben bei der Diskussion der zyklischen Veränderung der Ekliptikschiefe (Neigung der Erdachse) und der Präzession (Trudeln der Erdachse) erwähnt, haben diese langfristigen periodischen Veränderungen der astrophysikalischen Parameter großen Einfluss auf die Ausprägung der Jahreszeiten, somit auf die Temperaturschwankungen des Ozeanwassers und der Atmosphärenluft, und letztendlich auf die Konzentrationen von Wasserdampf und CO_2, Ozon und anderen Gasen in der Atmosphäre. Dies zeigt wieder, wie komplex das ganze System Wasser – Luft, bzw. Sonne – Ozeane – Atmosphäre, der Erde ist.

Die meisten **Computer-Klimamodelle** können bis heute kaum die Klimavergangenheit der Erde korrekt wiedergeben, noch weniger können sie gegenwärtig für eine langfristige Vorhersage der Klimaentwicklung herangezogen werden. Dies zeigen schon die unterschiedlichen Computermodellhochrechnungen der vermeintlich globalen Temperaturerhöhung der nächsten 100 Jahre, die Werte von 0,5 bis zu 10°C ergeben. Einen vielversprechenden Klimamodellansatz unter Einbeziehung der astronomischen Faktoren präsentieren z.B. KASPAR & CUBASCH (2007). WILSON (2019) geht detailliert auf die Diskussion des Zusammenhangs zwischen Temperatur und CO_2-Gehalt ein und weist hin auf den Einfluss einer Temperaturerhöhung der Troposphäre auf die darüber liegende Stratosphäre mit einem dortigen Energieverlust durch Strahlungsreduktion, was wiederum eine kühlende Rückkoppelung auf die Troposphäre haben kann. Er kommt, wie auch die überwiegende Mehrzahl der Naturwissenschaftler, zu dem Schluss, dass der Klimawandel nicht primär auf erhöhte CO_2-Gehalte zurückgeführt werden kann.

KAUPPINEN & MALMI (2019) gelang es unter Berücksichtigung der Änderungen der **Niedrigwolkendecken** die Temperaturentwicklung in ihren Computermodellen realitätsnah abzubilden, vor allem auch rückblickend auf vergangene Temperaturverläufe, was gerade ein großes Manko ist bei den bisher verwendeten theoretischen Klimamodellen, die ihren Hauptfokus auf das CO_2 als Temperaturtreiber legen, deshalb in ihren Temperaturentwicklungen für die Zukunft zu sehr großen, voneinander abweichenden Temperaturwerten von mehreren Grad Celsius kommen, und vor allem die Temperaturentwicklung der Vergangenheit nicht korrekt abbilden können. Diese Autoren kommen zu dem Schluss, dass praktisch die Niedrigwolkendecken, bzw. deren relative Luftfeuchtigkeit, die Oberflächen-nahen Temperaturentwicklung kontrollieren und nicht das CO_2. Abb. 72 präsentiert die gegenläufige Abhängigkeit der Entwicklung von Temperatur und Bewölkung bzw. Luftfeuchtigkeit. Für das Zeitintervall von 1983 bis 2005 (in 22 Jahren) wird eine mittlere Temperaturzunahme von 0.15°C pro 1 % Abnahme der relativen Luftfeuchtigkeit beobachtet. Was jedoch eine größere Bedeutung hat, ist der mehr oder weniger entgegengesetzte Gleichtakt von Feuchtigkeits- und Temperaturänderung, im Gegensatz zur mehr oder weniger monoton linearen Entwicklung der CO_2-Gehalte. Im etwas längeren Zeitraum, von 1970 bis 2010 (in 40 Jahren) stieg die mittlere globale CO_2-Konzentration nahezu kontinuierlich von 326 ppm auf 389 ppm (Δ=63 ppm), während die mittlere globale Temperatur um 0,6°C stieg (s. zum Vergleich Abb. 12). Zwischen 1898, d.h. fast seit dem „Beginn der Temperaturaufzeichnungen" und 1998 (in 100 Jahren) stieg der CO_2-Gehalt ebenfalls kontinuierlich von 295 ppm auf 367 ppm (Δ=72 ppm) und die Temperatur um ca. 0,8°C. Zwischen 1998 und 2015 jedoch, stieg die CO_2-Konzentration in der Luft von 367 auf 403 ppm (Δ=36 ppm), während die Temperatur +/- stabil blieb (s. auch Abb. 36 und 37), was wiederum auf ein Nachlaufen des CO_2 hinweist.

Es kann nicht oft genug wiederholt werden, dass das in der Erdatmosphäre enthaltene CO_2 mitnichten ein toxisches oder giftiges Gas ist, wie es immer wieder dargestellt wird, sondern lebensnotwendig ist für Pflanzen und Algen, die während der Photosynthese aus Kohlendioxid (CO_2) Sauerstoff (O_2) erzeugen, das wiederum lebensnotwendig ist für den Menschen und die Tiere. Bzgl. der Raumluftqualität beträgt der sogenannte Lufthygienewert (oberer Grenzwert) nach DIN 1946-2 0,15 % (= 1.500 ppm) CO_2. Zu beachten ist jedoch, dass in schlecht durchlüfteten Räumen der CO_2-Gehalt in der Luft schnell auf 1 % (10.000 ppm) steigen kann. In der Ausatemluft des Menschen liegt die CO_2-Konzentration bis zu 5 % (50.000 ppm, bzw. 50.000 Spielwürfelchen gemäß dem obigen Giga-Würfel-Beispiel). Ab einer Konzentration von ca. 9 % CO_2 in der Raumluft können Lähmungserscheinungen auftreten. Entsprechend den gängigen Arbeitsschutzgesetzen dürfen „filtrierende Halbmasken (z.B. vom Typ FFP2) ohne Ausatemventil" höchstens 75 Minuten getragen werden. Nach einer Erholungsdauer von einer halben Stunde können nochmals bis zu 2 Atemmasken-Einsätze pro Tagesarbeitsschicht erfolgen, bei maximal 5 Arbeitsschichten pro Woche. Die gesundheitliche Wirkung des CO_2 darf jedoch nicht verwechselt werden mit der des Kohlenmonoxids (CO), das äußerst toxisch ist für Mensch und Tier und bei der unvollständigen Verbrennung entsteht, z.B. in brennenden Öfen oder Partygrills ohne Frischluftzufuhr. Allein in Deutschland verlieren jährlich ca. eintausend Menschen ihr Leben durch Kohlenmonoxid-Vergiftung.

Abb. 72 (folgend): Darstellung der gegenläufigen Abhängigkeit der Temperaturentwicklung, dargestellt als Temperaturabweichung von der mittleren globalen Temperatur von 15°C (= Nulllinie, linke **rote** y-Achse und Kurve), und der Niedrigwolkenbedeckung, bzw. deren relativen Feuchtigkeit, dargestellt in Prozent der Bewölkung, als Abweichung von der mittleren Bewölkung von 26 % (= Nulllinie, rechte **blaue** y-Achse und Kurve). Eingezeichnet sind auch zwei einzelne wetterrelevante Phänomene: die Auswirkung des Vulkanausbruchs des Pinatubo (Philippinen, s. auch Details im nächsten Kapitel) und das Auftreten eines starken El-Niño-Effekts Ende der 90er Jahre (s. Kapitel 5).

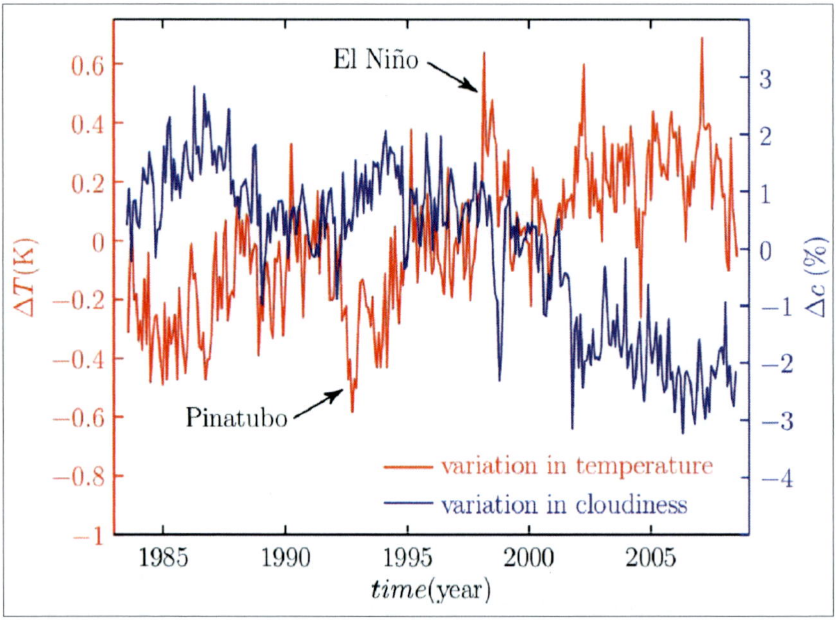

Abb. 72

Als Grundlage des pflanzlichen Lebens wird mindestens ein Viertel des CO_2 in der Erdatmosphäre kontinuierlich in Pflanzen gespeichert gemäß der Formel der Photosynthese:

6 x H_2O (Wasser) + 6 x CO_2 + Licht (Sonnenenergie) →
6 x O_2 + $C_6H_{12}O_6$ (Glukose)

Bei erhöhten CO_2-Werten in der Atmosphäre nimmt das Wachstum von Pflanzen zu, die wiederum mehr CO_2 in Form von Glukose in sich speichern, d.h. Biomasse aufbauen, und somit der Erdatmosphäre entziehen. Biologen und Agrarwissenschaftler haben festgestellt, dass sich die **Photosynthese-Leistung** der meisten Pflanzen um 65 % gesteigert hat mit der Erhöhung des CO_2-Gehaltes seit der „vorindustriellen“ Zeit (vor 1850). Bei einer weiteren hypothetischen Erhöhung des CO_2-Gehaltes auf 600 ppm wird mit einer weiteren Steigerung der Photosynthese-Aktivität von zusätzlichen 35 % gerechnet (z.B. VAHRENHOLT & LÜNING 2020). Dies ist besonders wichtig bei Nutzpflanzen, wie z.B. Weizen, Roggen, Reis, etc., die in immer größeren Mengen benötigt werden, um die rasant zunehmende Weltbevölkerung ausreichend zu ernähren. In vielen Gewächshäusern wird die Luft mit bis zu 1.600 ppm CO_2 angereichert, um das Wachstum der Nutzpflanzen anzuregen. Durch das gegenwärtig ansteigende Pflanzenwachstum, stimuliert durch die gesteigerte Photosynthese- Leistung infolge höherer CO_2-Gehalte und einhergehend mit wärmeren Umgebungsbedingungen, vergrößert sich die Blatt- und Nadelpflanzenfläche der kontinentalen Erdoberfläche jährlich ungefähr um die Größe Deutschlands (WINKLER et al. 2019). Von einem Waldsterben kann da nicht die Rede sein.

Dieses Kapitel kurz zusammengefasst: Die Konzentration des Spurengases CO_2 hat seit „vorindustrieller“ Zeit gerade einmal um 40 % zugenommen, von ca. 280 ppm auf ca. 410 ppm. Das Absorptionsvermögen von CO_2, bzgl. der von der Erde abgegebene Wärmestrahlung, ist auf relativ kleine Wellenlängenbereiche begrenzt und von vernachlässigbarer Bedeutung im Vergleich zum Wasserdampf. Wasserdampf als Atmosphärengas, mit 10- bis 100-facher Konzentration gegenüber dem Spurengas CO_2, und Wolkendecken bildend in Form von kleinsten Wasser-Tröpfchen oder winzigen Eiskristallen, ist entscheidend für die Temperaturentwicklung der Erdatmosphäre. Es gibt eine eindeutige (inverse) Beziehung zwischen Luftfeuchtigkeit und Lufttemperatur. Über die ozeanischen Oszillationen nimmt die periodisch schwankende Sonnenaktivität wesentlich Einfluss auf die kurz- bis mittelfristige Temperaturentwicklung der Atmosphäre. Die Konzentrationsentwicklung des Spurengases CO_2 in der Erdatmosphäre ist an die Temperaturentwicklung der Weltmeere und der Atmosphäre gebunden und läuft der Temperaturentwicklung hinterher. Nicht umgekehrt!

11: Die kalte Seite von Vulkanausbrüchen

Vor gut 200 Jahren (1815) brach der Vulkan Tambora in Indonesien aus und schleuderte deutlich mehr feine Aschepartikel in die Atmosphäre als 1980 (und auch schon 1800) der Vulkan Mount St. Helens in den USA, oder der Eyjafjallajökull 2010 in Island. Bei **Vulkanausbrüchen** dieser Art steigen die **sehr feinen Aschepartikel** (sogenannte Aerosole) bis über die Tropopause auf und verbreiten sich in der Stratosphäre, in über 16 km Höhe, über die gesamte Erde, verdunkeln die Erdatmosphäre und dienen vor allem auch als Kondensationskeime der Bildung von Wolken in der Troposphäre. Die Tropopause (Abb. 1) ist die Übergangszone zwischen Troposphäre, wo hauptsächlich unser Wettergeschehen stattfindet, und der darüber liegenden Stratosphäre. Sie befindet sich über den Polen in ca. 9 km Höhe und über dem Äquator in bis zu 16 km Höhe. Damals, vor über 200 Jahren (1816) führte dies in der nördlichen Hemisphäre, auch in Europa, zu einem „Sommer ohne Sonne“ mit Missernten, erhöhter Sterblichkeit bei Nutztieren und zu Hungersnöten. Ein Nebeneffekt waren die farbintensiven Sonnenuntergänge der Biedermeierzeit in Zentraleuropa mit ihren Schattierungen von Rot, Orange und Violett.

Abb. 73 (folgend): Aschewolke des relativ kleinen Vulkans Raikoke (Teil der Inselkette zw. Japan und Rußland), die sich über der Wolkendecke bis in die Stratosphäre in über 13 km Höhe ausbreitete; aufgenommen am 22. Juni 2019 von der ISS (NASA Earth Observatory).

Abb. 73

Abb. 73 zeigt die Aschefahne beim Ausbruch des relativ kleinen Vulkans Raikoke (Teil der Inselkette zw. Japan und Rußland), die sich über der Wolkendecke bis in die Stratosphäre in über 13 km Höhe ausbreitete. Solche die Erdatmosphäre beeinträchtigenden Phänomene sehr intensiver Vulkanausbrüche können bis zu 3 Jahre (nach dem Ausbruch) anhalten. Neben dem die Lufttemperatur beeinflussenden Ausstoß von **Aerosolen**, gelangen bei Vulkanausbrüchen auch große Mengen (hunderte Millionen von Tonnen) an CO_2, neben schwefelhaltigen Gasen und Wasserdampf, in die Erdatmosphäre. Dies bleibt ebenfalls meist unberücksichtigt bei der Klimadiskussion. Vor allem der hohe CO_2-Ausstoß der permanent und viel aktiveren untermeerischen Vulkane (z.B. im Bereich des viele Tausende Kilometer langen Mittelatlantischen Rückens, auf dem auch Island liegt) müssten in die CO_2-Bilanz der Klimadiskussionen einfließen. Vulkanische und hydrothermale Aktivitäten treten in der untermeerischen (submarinen) Erdkruste hauptsächlich an tektonisch aktiven Plattengrenzen und über thermischen „hotspot"-Anomalien auf. Lavaaustritte (Abb.74-A) und sogenannte „black smokers" („schwarze Raucher", Abb. 74-B) sind eindrucksvolle Beispiele hierfür. Der untermeerische Vulkanismus ist vermutlich viel weiter verbreitet als heute bekannt.

Abb. 74 (folgend): Vulkanische und hydrothermale Aktivitäten treten in der untermeerischen (submarinen) Erdkruste hauptsächlich an tektonisch aktiven Plattengrenzen, z.B. an den untermeerischen Mittelozeanischen Gebirgsrücken, und über thermischen „hotspot"- Anomalien auf. Lava-austritte ***(74-A)*** und sogenannte „black smokers" („schwarze Raucher", ***74-B)*** sind eindrucksvolle Beispiele hierfür (Fotos: https://de.wikipedia.org/wiki/Raucher_ (Hydrothermie).

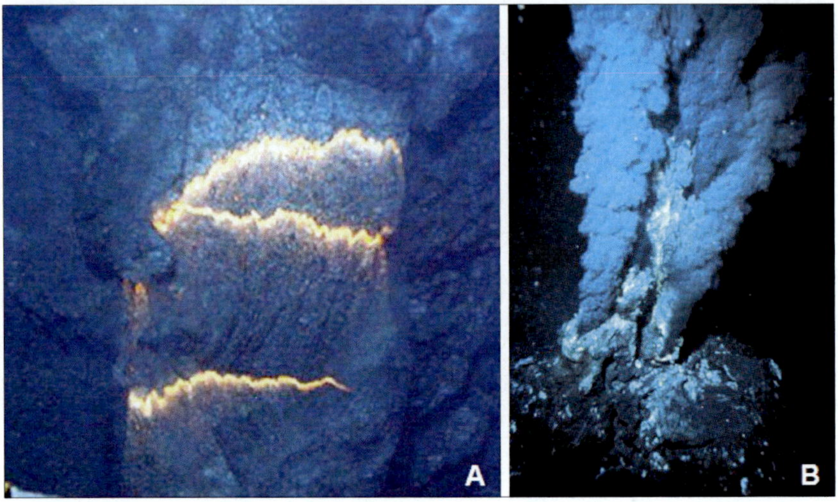

Abb. 74

In Kapitel 5 wurde kurz auf die Nordatlantische Oszillation (NAO) und deren Einfluß auf das Wetter in Europa eingegangen. Inzwischen erkannte man, dass auch große Vulkanausbrüche einen Einfluß auf die NAO haben können. Die bis in die Stratosphäre geschleuderten vulkanischen Aerolose absorbieren die Solarstrahlung verstärkt in den von der Sonne beschienen Gebiete der Nordhemisphäre, bzw. Südhemisphäre, weniger jedoch über den Polen, wenn dort Polarnacht herrscht. Dies kann im Nordwinter der Nordhemisphäre zu einem verstärkten Temperatur- und Luftdruckgradienten hin zum Nordpol führen und die stratosphärischen Polarwirbel verstärken, die bis in die darunterliegende Troposphäre wirken. Dies ist nur ein weiteres Beispiel für die Interaktion der Stratosphäre mit der Troposphäre und die große Komplexität des Themas Wetter- und Klimaentwicklung.

Der gewaltige Ausbruch des Vulkans Pinatubo (Phillipinen) am 15. Juni 1991, der seine Aschepartikel und Gase (hauptsächlich Schwefeloxid) bis in 40 km Höhe, d.h. bis in die Stratosphäre, schleuderte, bot Vulkanologen und Klimaforschern eine einmalige Gelegenheit die Auswirkungen von Vulkanismus auf das Klima zu erforschen (SELF et al. 1993). Man berechnete damals, dass sich ungefähr 30 Millionen Tonnen schwefelsäurehaltiger Vulkanaerosole gebildet hatten, die sich über den gesamten Globus verbreiteten und sich über zwei Jahre in der Stratosphäre hielten, was das Wetter und Klima überregional eindeutig beeinflusste. Nach der Eruption sank die mittlere Oberflächentemperatur auf der Nordhalbkugel um 0,5-0,6°C, und in anderen Regionen der Erde um bis zu 0,4°C in den Jahren 1992 bis 1993 (s. Pinatubo-Effekt in Abb. 72). Interessanterweise fielen in diesen Jahren die Winter der Nordhalbkugel etwas milder aus. In der eher dunkleren Winterzeit war der Effekt der Rückstrahlung der Sonneneinstrahlung an den Ascheaerosolen in der Stratosphäre nicht so bedeutend wie das Absorbieren der Wärmerückstrahlung der Erde, weshalb sich die Stratosphäre unterhalb der Aerosolschicht im Bereich der Tropen mehr erwärmte und es zu einer strärkeren Zirkulation der Winde in nördliche Richtung, in die höheren Breiten, kam. Dadurch gewann der Jetstream an Intensität und lenkte mildere Luft von den Ozeanen in die kälteren Landmassen der Nordhemisphäre. Gleichzeitig beeinträchtigten die schwefelsäurehaligen Vulkanaerosole in der Stratosphäre auch die Ozonschicht. Ozon wurde abgebaut und die Dicke der Ozonschicht reduziert, vor allem über der Südhalbkugel. Dieses Beispiel der Naturgewalten in Form von Vulkanausbrüchen und deren Folgen für die Temperatur der Erdatmosphäre zeigt erneut, wie komplex das Wetter- und Klimageschehen auf der Erde ist, egal ob die sehr geringen CO_2-Konzentrationen in der Atmosphäre 200, 400 oder 800 ppm betragen.

12: Was wurde aus dem Ozonloch?

Ozon (O_3) ist eine energiereiche Modifikation des Sauerstoffs mit 3 Sauerstoffatomen im Molekül. Es bildet sich in der Stratosphäre (s. Abb. 1) in 20-40 km Höhe unter dem Einfluss der kurzwelligen UV-Strahlung der Sonne, deren Intensität sich ändert im Rhythmus der oben genannten Sonnenaktivitäts-Zyklen. Bei dieser chemischen Reaktion der Ozonbildung entsteht Wärme, die von der Stratosphäre auch an die darunterliegende Troposphäre abgegeben wird. Das Ozon verteilt sich über den gesamten Bereich der Stratosphäre, erreicht aber in der Ozonschicht ein Konzentrationsmaximum. Die Ozonschicht liegt in den niederen geographischen Breiten (zum Äquator hin) in ca. 26 km und sinkt mit zunehmender geographischer Breite (zu den Polargebieten hin) ab. Die Ozonschicht ist extrem wichtig, da sie den größten Anteil der UV-Strahlung zurückhält und nur ein kleiner Teil die Ozonschicht durchdringt und auf der Erdoberfläche ankommt. Bei der Strahlungsabsorption wird Strahlungsenergie in Wärme umgewandelt, weshalb das Ozon eine wichtige Rolle im Wärmehaushalt der Atmosphäre spielt, bzw. auch einen klimatischen Effekt erzeugt.

Kräftige und stabile Polarwirbel über der Antarktis (Südpol) sind der Grund für die sehr tiefen Temperaturen (bis ca. -80°C) im Zentrum der dortigen Wirbel. Die arktischen Polarwirbel (am Nordpol) werden hingegen meist nicht so kalt, so dass sich dort keine so deutliche Reduzierung der Ozonschicht einstellt wie in der Antarktis. Von einem „Ozonloch" spricht man übrigens, wenn die Dicke der Ozonschicht auf weniger als die Hälfte reduziert ist. D.h., der Ausdruck „Ozonloch" ist eigentlich nicht korrekt bzw. irreführend. Der Ozongehalt der Atmosphäre wird in sogenannten Dobson-Einheiten (DU = Dobson „Units“) gemessen und liegt im Mittel bei 310 DU-Einheiten. Gordon Dobson war ein Wissenschaftler an der Oxford University, der in den 1920er-Jahren das erste Messinstrument für den Ozon-Anteil in der Atmosphäre entwickelte. Reduziert sich der Ozongehalt in der Atmosphäre unter 200 DU- Einheiten, dann wird von einem „Ozonloch“ gesprochen.

Die Lage und Dicke der Ozonschicht ist starken jahreszeitlichen Schwankungen ausgesetzt mit der stärksten Entwicklung im Frühjahr und der schwächsten im Herbst der jeweiligen Hemisphäre (Erdhalbkugel). Außerdem wirken sich horizontale und vertikale Transportvorgänge in der Atmosphäre aus, die mit wechselnden, wetterbedingten Luftströmungen in Zusammenhang gebracht werden. In der antarktischen Stratosphäre am Ende des Südwinters stellt sich bei sehr tiefen Temperaturen (deutlich tiefer als in der Arktis) ein starker Rückgang der Ozonkonzentration ein, der sich erst wieder erhöht nach Ende der Polarnächte, wenn die Sonne zurückkommt. Dann erwärmt sich die Atmosphäre über der Antarktis wieder, ozonreichere Luft strömt ein aus den niedrigeren Breiten (aus Richtung des Äquators) und wirkt der Ausdünnung der stratosphärischen Ozonschicht entgegen. Der starke Vulkanausbruch des Pinatubo (s. voriges Kapitel und Abb. 72) beeinträchtigte ebenfalls in den Folgejahren 1992/1993 die Dicke der Ozonschicht nachweislich.

Der arktische Winter 2019/2020 der Nordhalbkugel war extrem kalt, was zu einem starken Ausdünnen der Ozonschicht über der Arktis führte. Der Grund für diesen Ozonabbau waren kräftige und anhaltende Polarwirbel über der Arktis. In den Polarwinternächten Anfang 2020 sanken die Temperaturen in 20 km Höhe, d.h. in der Stratosphäre (s. Abb. 1), bis auf -80°C, bei der sich vermehrt sogenannte Perlmuttwolken bildeten. Diese bestehen vermehrt aus freigesetzter Schwefelsäure und Salpetersäure (HNO_3), die als Kondensationskerne dienen, auf denen Eiskristalle aus Wasserdampf wachsen. An deren Oberflächen laufen chemische Reaktionen ab, bei denen Stickoxide entstehen, die das Ozon zerstören können. Bei zunehmender Sonnenstärke Anfang Mai 2020 fand dieses extreme Ausdünnen der arktischen Ozonschicht ihr Ende. Siehe auch Kommentar zum Sonnenstand weiter oben bzgl. Eisheilige und Schafskälte. Auch im folgenden Winter 2020/2021 zeichnet sich eine ähnliche Entwicklung der winterlichen Abnahme der polaren Ozonschicht ab. D.h. es handelt sich allem Anschein nach um ein alljährliches saisonales Phänomen. Solche natürliche saisonale Ozoneinbrüche zeigen deutlich auch den Einfluss relativ kurzfristiger außergewöhnlicher Wettergeschehen. Obwohl in den letzten 20 Jahren die Konzentration FCKW-haltiger Substanzen in der Atmosphäre über 20% zurückgegangen ist, kam es bei extremer Kälte im Winter 2019/2020 zu einem starken Ausdünnen der Ozonschicht über der Arktis, was erneut den propagierten extrem negativen alleinigen Einfluss von Fluorchlorkohlenwasserstoffe (FCKW) auf die Ozonschicht in Frage stellt.

Abb. 75 (folgend): Entwicklung des „Ozonlochs“, d.h. einer ausgedünnten Ozonschicht, über der Antarktis der letzten 4 Jahre basierend auf Daten der NASA (https://ozonewatch.gsfc. nasa.gov/monthly/monthly_2019-11_SH.html), angeordnet gemäß WELT (2019). Die über der Antarktis ausgedünnte Ozonschicht ist derzeit so klein wie seit 30 Jahren nicht mehr.

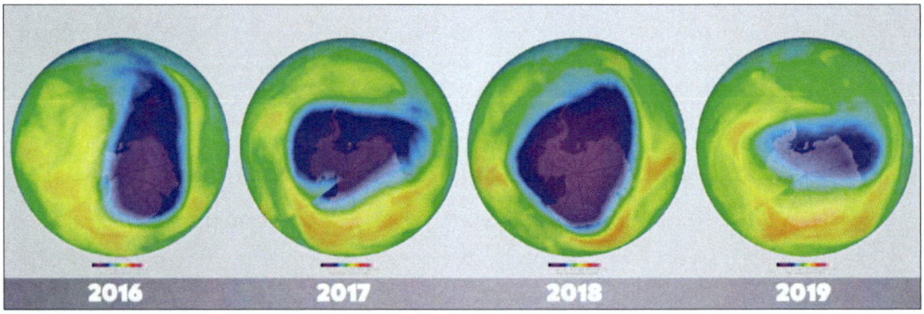

Abb. 75

D.h. die Ozonverteilung und die Ozonkonzentrationsschwankungen sind Ergebnisse sehr komplexer, teilweise noch nicht vollständig verstandener atmosphärischer Prozesse und hängen, wie die Lufttemperatur von der Sonneneinstrahlung und -Aktivität ab, wozu auch die anfangs genannten zyklischen Sonnenfleckaktivitäten gehören. Tatsache ist, dass derzeit das antarktische Ozonloch so klein wie seit 30 Jahren nicht mehr ist (Abb. 75) und die Spezialisten in diesem Thema vermuten, dass es sich noch weiter schließen wird, d.h., dass die Ozonschicht über der Antarktis gerade wieder mächtiger wird. Das Ausdünnen und Ausdehnen der Ozonschicht über der Antarktis unterliegt ebenfalls natürlichen periodischen Schwankungen. Da die großflächige Beobachtung der Ozonverteilung der Atmosphäre erst mit den ersten Satelliten in den 1970er Jahren begann, wird die Zukunft mehr Licht in dieses Thema bringen können, wie auch Daten und wissenschaftliche Ergebnisse der 2018 gestarteten Parker Solar Probe, die sich in den nächsten Jahren der Sonne bis auf 6 Millionen Kilometer nähern soll, und dabei u.a. die Entstehung des Sonnenwindes und ihrer energiereichen Partikel untersuchen soll.

13: Von Polarbären und Flusspferden

Ein einsamer Eis- oder **Polarbär** auf einer kleinen Eisscholle ist schlechthin das Sinnbild, bzw. die Ikone, für die durch den Menschen verursachte „Klimakatastrophe". Die ältesten Knochenfunde eines Eisbären sind rund 130.000 Jahre alt. D.h. ihn gibt es schon seit Beginn der letzten Eiszeit. Der Eisbär und der Braunbär sind hybrid, das heißt sie können sich problemlos kreuzen. Basierend auf DNA-Untersuchungen geht der Eisbär genetisch auf den Braunbär zurück, als Anpassung an den Klimawandel zu Beginn der letzten Eiszeit. Betrachtet man das Kommen und Gehen von Tier- und Pflanzenarten im Laufe der Erdgeschichte, muss man nicht allzu weit zurückgehen in der Vergangenheit.

Abb. 76 (folgend): Foto links: Geröllstrand der Eem-Warmzeit (vor 126.000 – 115.000 Jahren), ca. 6-9 m über dem heutigen Meeresspiegel (Isla de Ons, NW-Spanien); Graphik rechts: verschiedene Meeresspiegelhöhen seit der Eem-Warmzeit (a), während der Würm-Eiszeit (b) und seit dem Beginn der Holozän-Warmzeit (Interglazial) bis heute (c, d, e); aus VIDAL ROMANÍ et al. (2018).

Abb. 76

In diesem Zusammenhang soll an eine weiter oben gestellte Frage erinnert werden. Welche ist die optimale Temperatur für das Leben auf der Erde, 3-4°C mehr oder weniger wie heute, oder gerade so wie heute? Zwischen den letzten beiden Eiszeiten (Riß- und Würm-Kaltzeit) war es ebenfalls zu einer Periode der Erwärmung der Erde gekommen, wie im gegenwärtigen Holozän, die Eem-Warmzeit (oder Riß-Würm-Interglazial) genannt wird, und die ungefähr 11.000 Jahre andauerte (Tab. 1, Abb. 3). Die globale Durchschnittstemperatur war während dieser Wärmeperiode mehrere Grade höher als heute, d.h. die Poleiskappen waren stärker erodiert als heute, und der globale Meeresspiegel lag deutlich mehrere Meter über dem heutigen Meeresspiegel. Zeugnisse dieses erhöhten Meeresspiegels, über dem heutigen Niveau (!), findet man an vielen Küsten in Form von heute trocken liegenden Meeresterrassen oder ehemaligen Stränden. Z.B. an der Küste Nordwestspaniens kann man unzählige dieser ehemaligen Geröll-Strände der Eem-Warmzeit erkennen (Abb. 45 und 76). Abb. 77 zeigt Reste eines fossilen holozänen Waldes mit einem Alter von ca. 7.000 Jahre, der in einer Geröllstrandterrasse des Eem-Interglazials (letzte Warmzeit zw. Riß- und Würmkaltzeit, vor 126-115.000 Jahren) entstand, und bei Flut im heutigen Brandungsbereiches des Atlantiks liegt (Playa de Cobas, Ferrol (NW-Spanien), VIDAL ROMANÍ (2018)).

Während der Eem-Warmzeit bevölkerten verschiedene Großsäugetiere Zentraleuropa, z.B. das Oberrheintal, aber auch Dänemark, die heute in Europa ausgestorben sind und in Afrika nur noch südlich der Sahara angetroffen werden (FREY et al. 2018). Dazu gehörten z.B. die kleineren Buschelefanten, Nashörner, Wasserbüffel und Flusspferde (Abb. 78). Mit Beginn der letzten Eiszeit (der Würm-Kaltzeit) vor 115.000 Jahren starben diese Wärme und Feuchtigkeit liebenden Großsäuger aus, zogen sich nach Asien zurück, bzw. ihre behaarten kälteresistenteren Verwandten setzten sich durch. Doch auch diesen erging es nicht besser beim Ausklingen der letzten Eiszeit. Wo sind das Mammut, das Wollnashorn, der Riesenhirsch, der Höhlenbär, der Säbelzahntiger und viele andere geblieben? Sie sind seit dem letzten großen Klimawandel, als die Temperaturen deutlich anstiegen am Ende der letzten Eiszeit, vor ca. 12.000 Jahren, verschwunden, bzw. ausgestorben.

Abb. 77 (folgend): Reste eines fossilen endpleistozän-holozänen Waldes (ca. 7.000 Jahre alt) in einem Geröllstrand des Eem-Interglazials (letzte Warmzeit zw. Riß- und Würmkaltzeit, vor 126-115.000 Jahren), der im heutigen Brandungsbereich des Atlantiks liegt; Playa de Cobas, Ferrol (NW-Spanien); aus VIDAL ROMANÍ (2018).

Abb. 77

Abb. 78 (folgend): Foto links: Schädel eines Waldnashorns der Eem-Warmzeit, gefunden 1802 in Daxlanden bei Karlsruhe; Foto rechts: Skelett eines der kleineren Waldelefanten der Eem- Warmzeit aus dem Oberrheingebiet (Landesmuseum Darmstadt).

Abb. 78

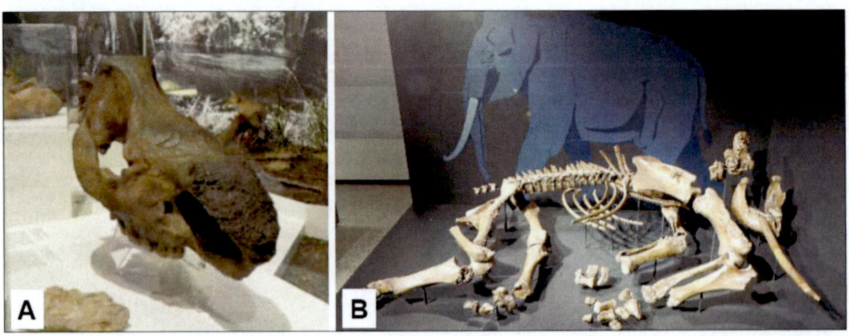

Könnten uns die Steinzeitmenschen, z.B. der Neanderthal-Mensch, das Waldnashorn oder der Waldelefant, die im Oberrheintal vor rund 120.000 Jahren gelebt haben, antworten auf die Frage nach der optimalen Umgebungstemperatur, würden sie bestimmt die mehrere Grad höheren Temperaturen zu Zeiten des Eem-Interglazials favoritisieren. Die niederigeren heutigen Temperaturen der aktuellen zwischeneiszeitlichen Warmzeit des Holozäns wären ihnen vermutlich noch zu niedrig. Auch auf die Eem-Warmzeit folgende extreme Kälte der Würm-Eiszeit hätten sie sicherlich verzichtet. Der Braunbär hingegen konnte sich schon recht frühzeitig an die neuen deutlich niedrigeren Temperaturverhältnisse anpassen, in dem er zum weissen Eisbär mutierte.

Von den eiszeitlichen Säugetieren haben das Rentier im Norden Skandinaviens und Russlands und der Eisbär in den nördlichsten Breiten den letzten Wechsel von Kalt- zu Warmzeit überlebt. Gerade der Eisbär scheint ein wahrer Überlebenskünstler zu sein, da er allem Anschein nach sogar die letzten Wärmemaxima seit der letzten Eiszeit, wie z.B. das Atlantik-Wärme-Maximum vor 8.000-4.000 Jahren, wo die mittleren globalen Jahrestemperaturen deutlich höher waren als heute, gut überlebt hat. Auch die deutlich wärmeren Epochen der Römer vor ca. 2.000 Jahren und des Mittelalters vor ca. 1.000 Jahren hat der Eisbär bestens überlebt. So wird er sicherlich auch die nächsten Hunderte oder Tausende von Jahren bis zur nächsten Eiszeit überleben. Wenn es sein muss auch als Migrant in den Revieren der heutigen Braunbären.

14: Nebenschauplatz Feinstaub

Auch wenn es nur indirekt zum Thema des Klimawandels passt, jedoch mit Wetterfaktoren wie Wind, Luftdruck, Temperatur, etc. zu tun hat, möchte ich noch kurz auf das Thema **Feinstaub** eingehen. Zunächst verwundert es, dass es kaum verfügbaren Daten zur mineralogischen Zusammensetzung des in den Städten gemessenen Feinstaubes gibt. Ein typisches Bespiel ist die Darstellung der Langzeitentwicklung des Feinstaubes PM10 in Stuttgart (Abb. 79). PM10 bedeutet, dass die Partikeldurchmesser einen Durchmesser von maximal 10 µm (0,01 mm) haben. Die Angabe der mineralogischen Zusammensetzung des Feinstaubes, basierend auf qualitativen und quantitativen Phasenanalysen, könnte eindeutige Hinweise geben, woher dieser stammt. Welcher Anteil ist anthropogener („technogener") Herkunft, welcher natürlicher („geogener" oder „biogener") Herkunft? Jede Baustelle, umliegende Felder (Filder) und Wälder (durch Bodenpartikel und Pollen), Sandgruben (z.B. im Rheintal und im Norddeutschen Tiefland), Lössaufschlüsse (speziell im Kraichgau und Oberrheintal), Felsaufschlüsse (z.B. die Buntsandsteinberge entlang des Rheintals und der Mittelelbe), Saharasande (je nach Großwetterlage), Vulkanaschen (überregional), etc. tragen zum natürlichen Feinstaub auch in unseren Städten bei.

Abb. 79 (folgend): Darstellung der Langzeitentwicklung (Jahresmittelwerte 1999-2019) des Feinstaubs PM10 (µg/m³) in Stuttgart-Mitte. PM10 bedeutet, dass die Partikeldurchmesser einen Durchmesser von maximal 10 µm (0,01 mm) haben. Es wird jedoch nicht der Typ des Feinstaubes bzw. nach seiner Herkunft unterschieden; Quelle: http://www.stadtklima-stuttgart.de/index.php?luft_entwicklung_strasse

Abb. 79

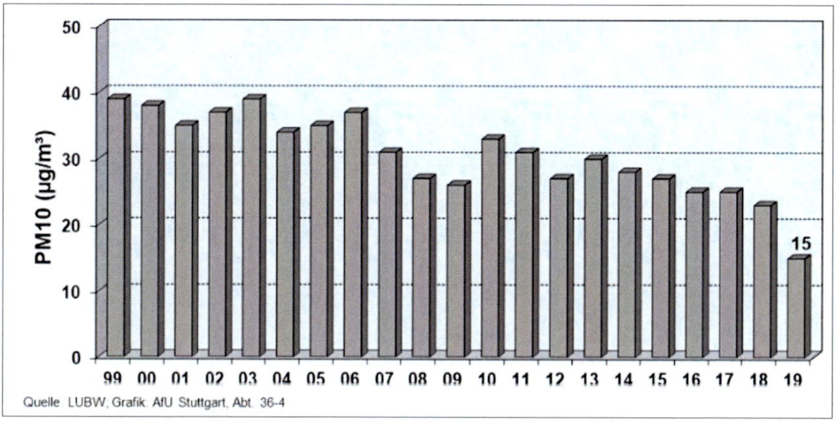

Die Feinstaubdiskussion in Städten wird aber meistens nur auf den von Automobilen erzeugten Feinstaub gerichtet, der jedoch in Wirklichkeit nicht alleine für das Feinstaubaufkommen in Städten verantwortlich ist. Je nach Informationsquelle, werden dem Autoverkehr 1/5 bis ¼, d.h. 20–25% des Gesamtfeinstaubs in Städten zugeschrieben, davon zirka die Hälfte, d.h. insgesamt nur 10-12,5% (des Gesamtfeinstaubes), sollen Rußpartikel von Dieselfahrzeugen sein, wobei es in Städten auch noch andere Ruß-Produzenten gibt, wie z.B. Hausbrand etc. Die modernen Partikelfilter (z.B. EURONORM 4 bis 6) haben dazu beigetragen, den Anteil der Feinstaubpartikel in unseren Städten deutlich zu senken. Die andere Hälfte dieser 20-25% „Automobilstaub", d.h. ebenfalls 10-12,5% des Gesamtfeinstaubes, entstammt überwiegend dem Reifen- und Bremsabrieb, welcher übrigens ebenfalls von rein elektrisch oder durch Wasserstoff angetriebenen Kraftfahrzeugen produziert wird. Wünschenswert, bzw. notwendig, wären quantitative mineralogische Feinstaubuntersuchungen wie z.B. die der Stadt Graz (Österreich, BUNDESUMWELTAMT 2002), die aufgrund quantitativer Phasenanalysen feststellen konnten, dass ca. 60% des Feinstaubs „geogenen", ca. 30% „technogenen" und der Rest „biogenen" Ursprungs war. Dort wo Split und Salz im Winter gestreut werden, erhöht sich übrigens auch deren Anteil am städtischen Feinstaub.

Ein ganz spezieller „geogener" Feinstaub, der uns wieder zu vergangenen Klimaänderungen führt, ist der Löss. **Löss** ist ein Paläofeinstaub, der während den Eiszeiten entstand, indem durch mechanische und kältethermische Verwitterung von Gesteinen u.a. feinste Staubpartikel entstanden, die durch die kalten Winde ausgeblasen wurden in die eisfreien Zonen um das Inlandeis. Dort bildeten sie bis zu mehreren, ja bis zu Dutzenden von Metern mächtige Löss-Lagen. Löss ist somit ein eiszeitlich entstandenes äolisches Sediment und wird charakterisiert durch eine gute Sortierung (vorwiegend mit Korngrößen von wenigen µm bis mehreren Zehner µm (1 µm = 1 Mikrometer = 0,001 mm). Die überwiegend eckige Form der Löss-Körnchen ist der Grund für die sehr gute Standfestigkeit von Lößwänden an Berghängen und in Hohlwegen, die eine typische Lösslandschaft prägen (Abb. 80-A).

Bekannt für ihre Lösslandschaften sind, unter vielen anderen, die Gebiete des Kaiserstuhls und des Kraichgaus im Südwesten Baden-Württembergs oder Regionen in den USA und in China, wo auch heute noch Lössablagerungen entstehen, z.B. wo diese sehr feinkörnigen Gesteinsstäube aus der Wüste Gobi ausgeblasen werden. Dort wo die Löss-Stäube in die Vorfluter (Bäche, Flüsse, Seen) eingetragen werden, zeigen diese eine trübe, gelbe Farbe, wie z.B. der Gelbe Fluss Huang He in China. Im Norden Chinas, in der chinesischen Provinz Innere Mongolei, geht das Lössplateau graduell in die sandige Wüste Gobi über. Die Mächtigkeit der Lössbedeckung beträgt auf dem gesamten Plateau meist über 100 m. Ein Lössaufschluss der ganz besonderen Art ist die berühmte Terrakotta-Armee des Qin Shihuangdi in Zentralchina, die um 200 BC (vor Beginn unserer Zeitrechnung) entstand. Die Gruben der Terrakotta-Armee sind in Löss gegraben und Löss diente auch als Rohmaterial für die Stampflehmwände zwischen den Terrakotta-Kriegern (Abb. 80-B).

Abb. 80-A (folgend): Steile Lösswände von Hohlwegen sind charakteristisch für die Lösslandschaften der Nordhemisphäre. Foto: WIKIPEDIA: Lösswand bei Vicksburg (Mississippi, USA); ***80-B***: Terrakotta-Armee des Qin Shihuangdi in Zentralchina, die Stampflehmwände zwischen den Terrakotta-Kriegern bestehen aus Löss. Foto: mauritius images / CuboImages / Carlo Borlenghi in https://www.geo.de/magazine/ geo-epoche/19753-rtkl-terrakotta-armee-chinas-erster-kaiser-und-sein-monumentales-erbe

Abb. 80

Für die Landwirtschaft ist Löss von sehr großer Bedeutung, da Böden, die aus Löss entstanden bzw. lösshaltig sind, sehr mineralstoffreich sind und hohe Ernteerträge garantieren. Lösse sind oft sehr kalkhaltig, vor allem wenn Kalkgesteine im Herkunftsgebiet vorherrschten. Auf der anderen Seite kann der sehr feinkörnige Löss selbst durch Winderosion aus einem lössreichen Umland über weite Entfernungen in Ortschaften und Städte getragen werden, wo er den Anteil des Feinstaubes beträchtlich erhöht. So verschärft z.B. in Peking der Löss-Feinstaub, der mit den Nordwinden aus der Wüste Gobi eingeblasen wird, zusätzlich die schon zeitweise sehr kritische Feinstaubsituation dieser Metropole. Bei bestimmten Wetterlagen gelangen Feinstäube von der Sahara-Wüste auch über sehr große Entfernungen bis nach Zentraleuropa. Auf der Filderhochfläche südlich von Stuttgart wurden während den Eiszeiten bis zu 4 m mächtige Lössschichten aufgeweht, die durch Bauarbeiten und Feldbewirtschaftung aufgelockert werden und somit ebenfalls Anteil haben können am „geogenen“ Feinstaub in Stuttgart.

Nachwort

Wie wir gesehen haben, sind wir umgeben von unzähligen Zeugen früherer Klimaänderungen, die primär von Veränderungen der Intensität, bzw. der Aktivität der Sonne, und der Position der Erde zur Sonne abhängen. Nach dem oben Gesagten, wird klar, dass es irreal und absurd, vielleicht sogar an Größenwahn grenzend ist, wenn der Mensch beschließt, bzw. denkt, Einfluss haben zu können, dass die mittlere globale Temperatur seit der Industrialisierung vor rund 200 Jahren bis zum Jahre 2100 2°C nicht übersteigen darf. Warum sind wir nicht dankbar, in einer temporären Warmzeit leben zu dürfen und genießen die aktuelle Wärme und den damit verbundenen geringeren Verbrauch an Heizenergie, bevor die Menschheit wieder für über Jahrzehntausende in die nächste Eiszeit eintaucht. Sollten über die nächsten Hunderte/Tausende von Jahren die Temperaturen (und Meeresspiegel) erst einmal weiter auf das Niveau der letzten Warmzeit (Eem-Interglazial, vor 126.000-115.000 Jahren) ansteigen, dann sollte man sich auf Investitionen im Bereich Umsiedlung und Dammbau (wie z.B. in Holland seit dem Hochmittelalter) konzentrieren. Der aktuelle CO_2-Aktivismus ist jedoch geradezu effektlos bzw. kontraproduktiv, da die CO_2-Gehalte in der Erdatmosphäre sich weiter erhöhen können mit steigender Temperatur der Ozeane und der Atmosphäre, was primär von der Intensität der Sonnenstrahlung, die die Erde erreicht, bestimmt wird, die wiederum abhängt von den sich periodisch ändernden astrophysikalischen Umlaufparametern der Erde um die Sonne, vor allem von der variierenden Sonnenentfernung, und von kurzfristigeren heliophysikalisch bedingten Schwankungen der Sonnenaktivität. Für die Temperaturentwicklung auf der Erde macht es einen sehr großen Unterschied, ob die Erde in den Extremfällen (bei größter Exzentrizität) ca. 141 oder ca. 159 Millionen Kilometer von der Sonne entfernt ist. Vor allem für die

Bildung neuer Eisschilde auf der Festland-reichen Nordhalbkugel ist es bedeutend, ob die größte Sonnenferne (Aphel) in die Sommer- oder in die Wintermonate der Nordhemisphäre fällt. Kurzum, die Temperaturentwicklung, bzw. der Wärmehaushalt der Erdatmosphäre und der Ozeane hängt primär von der Höhe der Sonnenenergie ab, die die Erde erreicht, und nicht von der Menge CO_2 in der Erdatmosphäre.

Das Fatale an der aktuellen dogmatischen Klima- und Feinstaubdiskussion sind die daraus resultierenden Maßnahmen. Da diese nicht die wahren natürlichen Ursachen berücksichtigen, können sie auch nicht zu den gewünschten Ergebnissen führen, was wiederum Anlass geben wird, noch weitere kaum zielführende Maßnahmen zu propagieren, ähnlich einer Endlosspirale. Allem Anschein nach wird die aktuelle Corona-Krise von Politikern in Europa und verschiedenen internationalen Interessensverbänden als große Chance gesehen und genutzt, die Emission von CO_2 einzuschränken, um das „Weltklima" zu retten. Dies geschieht in Form von Reiseeinschränkungen und -verboten, Schrumpfung bzw. Abbau ganzer Industriezweige (z.B. Automobilindustrie, Luftfahrtindustrie, Tourismus, etc.) unter Inkaufnahme der Vernichtung privater und betrieblicher Existenzen. Anstelle sich in einem ideologisch-dogmatischen und kontraproduktiven Klimaschutz-Aktivismus zu ergehen, wäre es bestimmt zielführender, sich Gedanken zu machen, wie die Menschheit den Auswirkungen des stetigen natürlichen Klimawandels effektiv begegnen kann. D.h., es müsste zunächst mit Umsiedlungen und Küstenschutzmaßnahmen auf den steigenden Meeresspiegel der nächsten Jahrhunderte reagiert werden, und des Weiteren müsste man sich darauf vorbereiten, die nächste große Eiszeit zu überstehen, während der enorme Heizenergiemengen benötigt werden, die dann mit sehr großer Wahrscheinlichkeit nicht alleine von den aktuell propagierten regenerativen Energien abgedeckt werden können. Auch während der nächsten großen Eiszeit, die wieder mehrere Jahrzehntausende anhalten kann, können neugebildete Inlandeismassen nahezu das doppelte Volumen der heutigen globalen Eisreste (der letzten großen Eiszeit) erreichen, was dann sicherlich auch eine massive Umsiedlung der Bevölkerung zur Folge haben wird, vor allem auf der Nordhalbkugel.

Um möglichen Vorurteilen oder Missverständnissen vorzubeugen, sei hier betont, dass obige Klarstellungen bzgl. natürlicher Klimawandel nicht heißen soll, wir wären unserer Verantwortung hinsichtlich einer Schonung der natürlichen Ressourcen und der Umwelt entbunden – ganz im Gegenteil – aber in einem sinnvollen und verhältnismäßigen Maß, ohne dogmatische Moralisierung und Hysterie. So schließe ich auch mit den Worten von José Ortega y Gasset: „*Ich bin ich und mein Umstand* (STU: gemeint ist im Sinne von räumlicher, zeitlicher und geistiger Umgebung); *rette ich ihn nicht, rette ich mich nicht*".

Literaturverzeichnis

AMOS, J. (2013): Antarctic ice volume measured.- https://www.bbc.com/news/science-environment-21692423, 3 pages

ARCHER, D. (2006): Fate of fossil fuel CO2 in geologic time Journal of Geophysical Research of Oceans 110, C09S05, doi:10.1029/2004 JC002625

AUER, I. & FOELSCHE, U. (2014): Vergangene Klimaänderungen in Österreich - Austrian Assessment Report 2014, Volume 1, Chapter 3, 228-299

BREHM, N., BAYLISS, A., CHRISTL, M., SYNAL, H.-A. ADOLPHI, F., BEER, J., KROMER, B., MUSCHELER, R., SOLANKI, S. K., USOSKIN, I, BLEICHER, N., BOLLHALDER, S., TYERS, C. & WACKER. L. (2021): Eleven-year solar cycles over the last millenium revealed by radiocarbon in tree rings.- Nat. Geosci. 14, doi:10. 1038/s41561-020- 00674-0, 17 pages

BROECKER, W. S. (1987): The biggest chill.- Nat. Hist. Mag. 97, 74-82. BROECKER, W.S. (1991): The Great Ocean conveyor - Oceanography 4 (2), 79-92

BUCHNER, N. & BUCHNER, E. (2011): Klima & Kulturen, 269 S., ISBN: 978-3-86705-036-4

BUNDESUMWELTAMT (2002): Studie zur Ermittlung der Herkunft von Stäben an sechs ausgewählten Messpunkten in Graz - Internet

BUNDESANSTALT FÜR GEOWISSENSCHAFTEN UND ROHSTOFFE (BGR), Herausgeber (2004): Klimafakten.- 259 S., ISBN: 3-510-95913-2

CAILLON, N., SEVERINGHAUS, J.P., JOUZEL, J., BARNOLA, J.-M., KANG, J. & LIPENKOV, V.Y. (2003): Timing of atmospheric CO_2 and Antartic temperature changes across Termination III - Science 299, 1728-1731

CALENDARIO METEORO FENOLOGICO (1981): Tabelle der "Números relativos de manchas solares" - p. 127, ISBN 8450042311

CLOTTES, J. & COURTIN, J. (1995): Grotte Cosquer bei Marseille – Eine im Meer versunkene Bilderhöhle - Jan Thorbecke Verlag, 200 S. ISBN: 3-7995-9001-3

CRUTZEN, P.J. & GRAEDEL, T.E. (1994): Chemie der Atmosphäre: Bedeutung für Klima und globale Umwelt - Spektrum Akademischer Verlag Berlin, 512 pages, ISBN-10: 3860252046

DAVIES, B. (2019): What is the global volume of land ice and how is it changing? - www.Antarticglaciers.org/glaciers-and-climate/, 13 pages

DEAN, W. (2002): A 1500-year record of climatic and environmental change in Elk Lake, Clearwater County, Minnesota II: geochemistry, mineralogy, and stable isotopes - J. Paleolimnology 27, 301-319

DEUTSCHER WETTERDIENST (DWD) Jahresstatusbericht (2003): 190 pages, ISBN: 3- 88148-394-2 oder unter www.ksb.dwd.de

DEUTSCHER WETTERDIENST (DWD) Sonderheft (2008): Die Nordatlantische Oszillation (NAO) - Promet 34, 77-174, ISSN: 0340-4552

ENFIELD, D. B., MESTAS-NUÑEZ, A. M. & TRIMPLE, B. J. (2001): The Atlantic multidecadal oscillation and its relation to rainfall and river flows in the continental U.S. - Geophys. Res. Letters 28, 2077-2080

FREY, E. & GEBHARDT, U. (2018): Flusspferde am Oberrhein – Wie war die Eiszeit wirklich? - Karlsruher Naturhefte 6, 160 S., ISBN: 978-3-925631-17-7

GABRIELLI, P. et al. (2016): Age of the Mt. Ortler ice cores - The Cryosphere, 10, S. 2779- 2797

GANOPOLSKI, A., WINKELMANN, R. & SCHELLNHUBER, H.-J. (2016): Critical insolation-CO_2 relation for diagnosing past and future glacial inception - Nature 534, 19-20

GEOMAR (PR vom 04.09.2014): Die Sonne steuerte das Klima in der Eiszeit - www.geomar.de

GIAEVER, I. (2015): Presentation given during Lindau 2015 Nobel Laureate Meeting.- https://www.mediatheque.lindau-nobel.org/videos/34729/ivar-giaever-global-warming-revisited/meeting-2015

HANNON, R. (2020): Greenland Ice Core CO2 Concentrations Deserve Reconsideration - Watts Up With That? - January 7, 2020

HARTMANN, D. (2015): Global Physical Climatology - Elsevier Science, ISBN: 9780123285317, 498 pages

HAUG, G.H., GÜNTHER, D., PETERSON, L.C., SIGMAN, D.M., HUGHEN, K.A. & AESCHLIMANN, B. (2003): Climate and the Collapse of Maya Civilization - Science 299, 1731-1735

HOLZHAUSER, H.P. (1985): Neue Ergebnisse zur Gletscher- und Klimageschichte des Spätmittelalters und der Neuzeit - Geographica Helvetia 40, 168-185.

HOLZHAUSER, H.P., MAGNY, M. & ZUMBÜHL, H.J. (2005): Glacier and lake-level variations in west-central Europe over the last 3500 years - The Holocene 15 (6): 789- 801

HUYBERS, P. (2006): Early Pleistocene glacial cycles and the integrated summer insolation forcing - Science 313, 508-511

INDERMÜHLE, A., STOCKER, T.F., JOOS, F., FISCHER, H., SMITH, H. J., WAHLEN, M., DECK, B., MASTROIANNI, D., TSCHUMI, J., BLUNIER, T., MEYER, R. & STAUFFER, B (1999): Holocene carbon-cycle dynamics based on CO_2 trapped in ice at Taylor Dome, Antarctica - Nature 398, 121-126

KASPAR, F. & CUBASCH, F. (2007): Das Klima am Ende einer Warmzeit - Der belebte Planet II, 45-50

KAUPPINEN, J. & MALMI, P. 2019: No experimental evidence for the significant anthropogenic climate change - https://arxiv.org/abs/1907.00165v1, 6 pages

KENT, D.V., OLSEN, P.E., RASMUSSEN, C., LEPRE, Ch., MUNDIL, R., IRMIS, R.B., GEHRELS, G.E., GIESLER, D., GEISSMAN, J.E. & PARKER, W.G. (2018): Empirical evidence for stability of the 405-kiloyear Jupiter-Venus eccentricity cycle over hundreds of millions of years - PNAS 115 (24), 6153-6158

KLOSTERMANN, J. (2009): Das Klima im Eiszeitalter - 260 S., ISBN: 978-3-510-65248-8

KOELLE, D.E. (2015): Klima-Zyklen und ihre Extrapolation in die Zukunft - https://kaltesonne.de/klima-zyklen-und-ihre-extrapolation-in-die-zukunft/, 12 pages

KÖPPEN, W. & WEGENER, A. (1924, 2015 reprint): Die Klimate der geologischen Vorzeit – The Climates of the Geological Past - Faksimile-Nachdruck incl. Übersetzung in Englische, Borntraeger Stuttgart, 657 S., ISBN: 978-3-443-01088-1

KRAFFT, M. (2020): private local information by email of 29.02.2020.

KÜPPERBUSCH, S. (2015): Trendanalyse von Temperaturen in verschiedenen Höhen: Gibt es eine Erwärmung der Troposphäre über Neumayer, Antarktis? - Bachelor´s Thesis, Institut für Landschaftsökologie, Westfälische Wilhelms-Universität Münster, 21 pages

LASKAR, J., ROBUTEL, P., JOUTEL, F., GASTINEAU, M., CORREIA, A.C.M. & LEVRARD, B. (2004): A long-term numerical solution for the insolation quantities of the Earth - Astronomy and Astrophysics 428, 261-285

LEVANDOUX, L. (1956): Levadoux, Les populations sauvages et cultivées de Vitis vinifera - Annales de l›amélioration des plantes

LISIECKI, M.L. & RAYMO, M.E. (2005): A Pliocene-Pleistocene stack of 57 globally distributed benthic δ18O records - Paleoceanography 20, 17 pages, PA1003, doi:10.1029/2004PA001071

LÜDEKE, H.-J. (2010): CO2 und Klimaschutz - Bouvier Verlag Bonn, 236 Seiten, ISBN: 978- 3-416-03312-1

LAUER, T. & WEISS, M. (1981): Timing of the Saalian- and Elsterian glacial cycles and the implications for Middle – Pleistocene hominin presence in central Europe - Scientific Reports; 23 March, doi: 10.1038/s41598-018-23541-w

LAURENZ, L., LÜDECKE, H.-J. & LÜNING, S. (2019): Influence of solar activity on European rainfall - J. Atmospheric and Solar-Ter restrial Physics 185: 29-42, doi: 10.1016/j.jastp.2019.01.01

LAURENZ, L. (2019): Einfluss von Ozean- und Sonnenzyklen auf Klimaveränderungen und Auswirkungen für den Pflanzenbau - 44 Vortragsfolien unter https://www.reka- rheinland.de/fileadmin/dokumente/Vortrage/2019_Klimawandel_REKA_7.03.2019_pdf.pdf

LJUNGQVIST, F. Ch. (2010): A new reconstruction of temperature variability in the extratropical Northern Hemisphere during the last two millennia - Geogr. Ann. A 92 (3), 339- 351

MARCOTT, S. A., SHAKUN, J.D., CLARK, P.U. & MIX, A.C. (2013): A Reconstruction of Regional and Global Temperature for the Past 11,300 Years - Science 339, 1198- 1201

MILANKOVITCH, M. (1930): Mathematische Klimalehre und astronomische Theorie der Klimaschwankungen.- In: KÖPPEN, W. & GEIGER, R. (Hrsg.): Handbuch der Klimatologie. Band 1: Allgemeine Klimalehre. Borntraeger, Berlin 1930

MILANKOVITCH, M. (1938): Astronomische Mittel zur Erforschung der erdgeschichtlichen Klimate - Handbuch der Geophysik 9, Berlin, 593-698

MÜLLER-KARPE, H. (1998): Geschichte der Steinzeit - Bechtermünz Verlag, 393 S., ISBN: 3-86047-805-2

NAGY, M., PETROVAY, K. & ERDÉLYI, R. (2017): The Atlanto-Pacific multidecade oscillation and its imprint on the global temperature record - Clim. Dyn. 48, 1883-1891

ÖAW (Österreichische Akademie der Wissenschaften (2019): https://www.oeaw.ac.at/oeai/forschung/siedlungsarchaeologie-und-urbanistik/istrien-vizula/

PADÍN ABAL, M. (2017): Las Villae marítimas en la costa de la Galicia romana - Universidadde Santiago de Compostela, Master Thesis, 82 pages

PIOMAS (2019): Arctic Sea Ice Volume Reanalysis - http://psc.apl.uw.edu/research/projects/arctic-sea-ice-volume-anomaly/, 3 pages

POHANKA, R. (2018): Die Urgeschichte Europas.- Matrixverlag Wiesbaden, 256 S., ISBN 978-3-86539-996-0

POLARPORTAL (2019): Understanding the Greenland Ice Sheet - http://polarportal.dk/en/groenlands-indlandsis/nbsp/viden-om-groenlands-indlandsis/

RAILSBACK, L.B., GIBBARD, P.L., HEAD, M.J., VOARINTSOA, N.R.G. & TOUCANNE, S. (2015a): An optimized scheme of lettered marine isotope substages for the las 1.0 million years, and the climatostratigraphic nature of isotope stages and substages - Quaternary Science Reviews 111, 94-106

RICHTER, E. (1891): Geschichte der Schwankungen der Alpengletscher - Z. Deutsch. Österreich. Alpenverein 22, Wien, 75 pages

SCHALLER, M.F., WRIGHT, J.D. & KENT, D.V. (2015): A 30 Myr record of Late Triassic atmospheric pCO_2 variation reflects a fundamental control of the carbon cycle by changes in continental weathering - GSA Bulletin 127, 661-671

SELF, S., ZHAO, J.-X., HOLASEK, R. E., TORRES, R. C. & KING, A. J. (1993): The atmospheric impact of the 1991 Mount Pinatubo-eruption - https://pubs.usgs.gov/pinatubo/self/, 21 pages

SCHLESER, G. & VOS, H. (1993: Larix sibirica, ein Archiv der Klimaforschung - Jber. Kernforschungsanlage Jülich GmbH: 29-37

SCHMIDT, B. & GRUHLE, W. (2006): Globales Auftreten ähnlicher Wuchsmuster von Bäumen – Homogenitätsanalyse als neues Verahren für die Dendrochronologie und Klimaforschung - Germania 84, 431-465

SCHOENITZER, M. & SCHOENITZER, K. (2019): schoenitzer.de/Planeten.html SCHUBERT, A. (2016): Maya – Das Rätsel der Königsstädte - Hirmer Verlag, 336 S., ISBN: 978-3-7774-2603-7

SHAVIV, J. (2008): Using the Oceans as a Calorimeter to Quantify the Solar Radiative Forcing - J. of Geophysical Research 113, 13 pages

SEIP, K. L., GRØN, Ø. & WANG, H. (2019): The North Atlantic Oscillation: Cycle Times for the NAO, the AMO and the AMOC - Climate 2019, 7, 43, doi:10.3390/cli7030043, 10 pages

SIROCKO, F., Herausgeber (2012): Wetter, Klima, Menschheitsentwicklung - 208 S., ISBN: 978-3-8062-2746-8

STEINHILBER, F., BEER, J. & FRÖHLICH, C. (2009): Total solar irradiance during the Holocene - Geophys. Research Letters 36, doi: 10.1029/2009GL040142

SVENSMARK, H., ENGHOFF, M.B., SHAVIV, N.J. & SVENS MARK, J. (2017): Increased ionization supports growth of aerosols into cloud condensation nuclei - Nature Communication 8, 2199, doi:10.1038/s41467-017-02082-2

TARBUCK, E.J., LUTGENS, F.K. & TASA, D. (2005): Ciencias de la Tierra - Pearson Educación , S.A., Madrid, 736 pages, ISBN: 84-205-4400-0

UGLIETTI, C. et al. (2015): The controversial Age of Kilimandscharo Ice Cap - In: Annual Report 2014 of Paul-Scherer-Institut, Laboratory of Radiochemistry and Environmental Chemistry, page 33

USGS – U.S. Geological Survey (2000): The Sun and Climate - USGS Fact Sheet FS-095-00. 6 pages

VAHRENHOLT, F. & LÜNING. S. (2020): Unerwünschte Wahrheiten - Langen Müller Verlag München, 347 pages, ISBN: 978-3-7844-3553-4

VIDAL ROMANÍ, J.R. (2006): Calentamiento Global - Lección Inaugural Curso Académico 2005-2006, Universidad de La Coruña, 53 pages

VIDAL ROMANÍ, J.R. & GRANDAL D'ANGLADE, A. (2018): Cuadernos Lab. Xeolóxico de Laxe 40, 229-246, ISSN: 0213-4497

VINÓS, J. (2018): Nature Unbound X – The next glaciation - https://judithcurry.com/2018/08/14/nature-unbound-x-the-next-glaciation/

VINÓS, J. (2019): Holocene global temperature reconstruction - https://figshare.com/articles/Holocene_global_temperature_reconstruction/9637022

WILLEMS, P. (2013): Multidecadal oscillatory behaviour of rainfall extremes in Europe - Climate Change 120, 931-944

WILLIAMS, R.S. & FERRIGNO, J.G. (2012): State of the Earth's cryosphere at the beginning of the 21st century-Glaciers, global snow cover, floating ice, and permafrost and periglacial environments: U.S. Geological Survey Professional Paper 1386–A, 546 pages

WILLIAMS, R.S., Jr. & HALL, D.K. (1993): Glaciers, in part VII of Cryosphere of Gurney, R.J., Foster, J.L., and Parkinson, C.L., eds., Atlas of satellite observations related to global change: Cambridge University Press, 401–422

WILSON, I. H. (2019): Does carbon dioxide drive climate change? - AIG (Australian Institute of Geoscientists) News 135, 22-32

WINKLER, A. J., MYNENI, R. B., ALEXANDROV, G. A., BROVKIN, V. (2019): Earth system models underestimate carbon fixation by plants in the high latitudes - Nature Communications 10(1): 885, 8 pages

Buchtipp

Prof. Günther Krause
DAS EWIGE LICHT
Der Beginn eines neuen Zeitalters

Gebunden und als E-Book, ca. 224 Seiten, 1. Auflage, 2020, Deutsch, zahlreiche Abbildungen und Grafiken (4-farbig), ISBN Buch: 978-3-906212-56-2, 19,90 € und ISBN E-Book: 978-3-906212-62-3, 17,99 €

weltbuch.com/umwelt

Die Widersprüche zwischen Ökonomie und Ökologie bringen unseren Planeten an den Rand einer Katastrophe, wenn wir es nicht lernen, Energie in einer Form zur Verfügung zu stellen, die schrittweise den Überschuss von Schadstoffen zu reduzieren hilft. Dabei ist die Atomkraft kein guter Ratgeber, denn die Risiken sind durch wiederkehrende Katastrophen deutlich geworden. Kohle sowie andere Stoffe für unseren Energiebedarf zu verbrennen sind auch nicht die intelligentesten und umweltverträglichsten Lösungen, und die sogenannten erneuerbaren Energien wären zwar preiswert und hätten das Zeug, wahre Alternative zu sein, wenn sie denn in der Lage wären grundlastfähig zu sein, weil wir Wind und Sonne noch nicht steuern können.
Dieses Buch greift also das auf, was uns eben seit hunderten Millionen an Jahren umgibt, und wirft eine ganz neue Ansatzweise der Energieumwandlung auf. Denn bisher spielten die natürlichen, aber auch künstlichen Strahlungen in den neueren Betrachtungen der Energiewirtschaft keine ...